KB001345

너무 맛있어서

잠 못 드는 세계지리

너무 맛있어서
잠 못 드는
세계지리

초판 1쇄 발행 2017년 9월 22일
초판 2쇄 발행 2020년 3월 16일

지은이 개리 풀러, T.M. 레데콥
옮긴이 윤승희

펴낸이 이상순 **주간** 서인찬 **편집장** 박윤주 **제작이사** 이상광
기획편집 박월, 김한솔, 최은정, 이주미, 이세원 **디자인** 유영준, 이민정
마케팅홍보 이병구, 신희용, 김경민 **경영지원** 고은정

펴낸곳 (주)도서출판 아름다운사람들
주소 (10881) 경기도 파주시 회동길 103
대표전화 031-8074-0082 **팩스** 031-955-1083
이메일 books777@naver.com
홈페이지 www.books114.net

생각의길은 (주)도서출판 아름다운사람들의 교양 브랜드입니다.

ISBN 978-89-6513-477-0 03980

미국 '내셔널 지오그래픽 교육 협회'가 뽑은
'올해의 선생님' 개리 풀러 교수의 세계 지리 이야기

또 다른 나의 발견, 세계 지리

"미식의 힘은 친화력이다. 언어의 장벽을 허물고, 문명인이라면 누구나 친구가 되게 해주고, 마음을 따뜻하게 녹여준다." _새뮤얼 체임벌린[01]

지리학이 음식과 무슨 관계가 있을까? 나는 아주 깊은 관계가 있다고 생각한다. 스무 살이 될 때까지 나나 내 주변 사람들 중에 누구도 베이글, 엔칠라다[02], 에스카르고[03], 스틸턴 치즈[04] 같은 음식을 먹어본 사람이 없었다. 후무스[05], 스시, 키위 같은 이름은 들어보지도 못했고, 와인

---

01 1895~1975년. 미국의 작가, 판화가, 사진작가. 음식, 인테리어, 패션 등 다양한 분야의 책을 썼다.

02 옥수수 토르티야에 고기, 치즈, 콩, 감자 등을 넣고 말아 칠리 소스를 뿌려 먹는 멕시코 음식. 치즈, 사워크림, 상추, 양파 등을 얹어 먹는다.

03 식용 달팽이.

04 9주 이상 숙성시킨 세미소프트 치즈. 블루 치즈와 화이트 치즈가 있다. 원래 18세기 영국 캠브리지 스틸턴에서 처음 만들어졌지만, 지금은 유럽집행위원회 원산지표시보호제도(Protected Designation of Origin)에 따라 더비셔, 레스터셔, 노팅엄셔 단 세 곳에서 생산된 치즈만 스틸턴 치즈라는 명칭을 사용할 수 있다.

05 중동 지역에서 즐겨먹는 음식. 으깬 콩에 타히니(참깨 페이스트), 올리브유, 레몬주스, 소금, 마늘 등을 섞어 만든 소스로 에피타이저로 먹거나, 납작한 빵(피타 브레드)을 찍어 먹는다.

과 함께 제공되는 식사는 구경도 못했다. 선택할 수 있는 음식의 종류가 다양해졌다는 점은 인류가 서로 가까워짐으로써 얻은 축복 가운데 하나다. 수천 년 동안 뿔뿔이 흩어져 살던 인류는 마침내 최후의 개척지인 뉴질랜드와 태평양 한가운데의 섬들까지 서구인들의 발길이 닿은 후 다시 만난 서로를 새롭게 알아가며 약 500년을 지내왔다. 우리는 이제 세계 여러 곳의 다양한 문화적 맥락 안에서 만들어진 음식을 공유하게 되었다. 지리학은 인류가 하나의 공동체로 가까워지는 모습을 보여주고 분석하는 한편, 인류의 미래를 예측하고 생존에 필요한 도구를 제공해야 하는 막중한 임무를 안게 되었다. 음식, 특히 안정된 식량 공급은 지리학이 해결해야 할 가장 중요한 과제다.

학생들의 교육 과정에도 변화가 필요할지 모른다. 지금의 지리학 수업은 인류의 문화가 공간적인 차이에 따라 어떻게 다르게 발전해왔는지, 특히 언어와 종교를 기준으로 설명하고 있다. 가령 프랑스어와 중국어를 사용하는 인구가 각각 어디에 주로 분포하는지, 이슬람교와 기독교 신자는 어디에 가장 많은지를 지도를 보며 공부한다. 농업 역시 지리학에서 다루는 가장 기본적인 영역이고, 세계를 주요 곡물 생산지 별로 구분한다. 예를 들어 동아시아, 남아시아, 동남아시아는 지역별로 전혀 다른 언어를 사용하지만 쌀을 재배한다는 공통점이 있다. 하지만 지리학이 완제품, 즉 사람들이 만들어 먹는 음식에 대해 깊이 파고드는 경우는 거의 없다. 한국, 일본, 중국, 아프리카 일부 국가, 멕시코, 루이지애나, 캘리포니아 모두 비슷한 쌀을 생산하지만 각 지역별로 쌀을 활용하는 방식은 크게 다르다.

지리학이 문화적인 요소들을 다루는 데 있어서 가장 먼저 언급하고 비중 있게 다루는 영역은 대부분 '언어'다. 당연한 일이다. 언어는 같은 언어를 공유하는 이들을 하나로 통합하고, 서로 다른 언어를 사용하는 이들을 분명하게 갈라놓기 때문이다. 그로 인해 지역이 나누어지고 지역 간 경계가 생겨난다. 다르게 표현하자면, 언어는 지리에 바로 반영되기 때문에 지도 위에 표시할 수 있다. 언어만큼 사람들을 뭉치고 흩어지게 만드는 문화적 요소는 없다. 사람들은 상황에 따라 문화적 전통들을 포기하기도 하지만 최후까지 놓지 못하는 것이 바로 언어다.

언어가 가장 오래 살아남는 문화 요소라면 두 번째로 끈질긴 요소는 무엇일까? 많은 사람들이 종교를 떠올릴 것이고, 어쩌면 정말 그럴지도 모른다. 하지만 지금 우리가 살고 있는 세계라면, 나는 종교보다는 음식 쪽에 더 무게를 두고 싶다. 과거의 역사를 보면 종교가 통째로 바뀐 사례가 여러 번 있었다. 불교, 기독교, 이슬람교의 확산으로 세계 인구의 적어도 3분의 1이 이들 종교를 신봉하게 되었다는 점도 종교가 고정된 요소가 아니라는 증거다. 프랑스 루이 14세가 퐁텐블로 칙령[06]으로 프랑스 개신교도인 위그노들에게 가톨릭으로 개종을 요구한 이후 벌어진 상황은 매우 흥미롭다. 역사책들은 대부분 퐁텐블로 칙령이 프랑스 경제에 치명적인 악영향을 미쳤다고 기술하고 있다. 성공한 사업가나 수공업자들 가운데 위그노가 많았고, 그들 중 일부가 프랑스를 떠났기 때문이다. 역사책이 잘 언급하지 않는 부분은 대부분의 위그노가 가톨릭으로의 개종을 선택했다는 사실이다.

오늘날 프랑스는 가톨릭 인구가 다수를 차지한다고 해도 과언이 아니다. 하지만 내가 보기에 프랑스인들 다수는(이민자들은 제외하고) 종교에 무

06 1685년 루이 14세가 발표한 칙령. 종교의 자유를 인정한 낭트 칙령(1598년) 폐지, 개신교 금지, 개신교 예배당 파괴 등을 내용으로 한다.

관심하다. 한편 프랑스인들이 매일 먹는 바게트를 포기하거나, 치즈, 와인, 카페오레를 외면하는 일은 상상조차 힘들다. 물론 문화는 늘 변화하기 마련이고, '르 위켄드(Le Weekend)'가 프랑스어 사전에 등재되듯, 맥도날드가 프랑스인들의 식생활에 약간의 변화를 가져오긴 했지만 말이다.

문화에서 음식이 어떤 위치를 차지하든, 음식이 '세계 문화'라는 큰 그림의 중요한 부분이라는 사실에는 변함이 없다. 지리학자들이 음식을 배제하고 지내는 동안 요리책 저자들을 비롯한 각계의 전문가들은 지리적 환경이 음식에 미치는 여러 가지 영향을 책으로 기술했다. 결과적으로 요리책은 음식이라는 매우 한정된 분야를 다루긴 하지만 종종 지리학 입문서로서의 역할을 훌륭하게 해내게 되었다.

희한한 것은 음식에 관해 연구논문을 발표하는 일은 거의 없는 지리학자들 중 다수가 직업과 무관한 방면에서 음식에 관심을 보인다는 점이다. 지금은 고인이 된 현대 지리학의 두 권위자 함 드 블레이와 피터 굴드는 생전에 와인에 대해 매우 폭넓게 연구했다. 하와이 대학의 내 동료들도 영국 치즈, 뉴기니 시금치, 커피 재배 등 음식에 상당히 관심이 많지만 그 관심을 연구논문으로 발전시킨 경우는 없다. 이런 상황에서 이 책은 음식을 지리학 커리큘럼 안으로 끌어들이려는 노력의 첫 걸음일지 모른다. 많은 독자들이 이러한 노력의 걸음에 동참하기를 바란다.

_개리 풀러

세계 지리, 음식을 만나다

나에게 요리는 공간과 밀접한 관계가 있다. 친숙한 부엌의 아늑한 공간에 모든 조리도구와 주방기기가 정해진 자리에 놓여 있는, 식사 준비를 위한 나만의 미장플라스[01]가 갖추어지고, 내가 원하는 레시피가 머릿속 또는 종이 위에 잘 정리되어 있을 때, 나는 마치 레시피를 지도 삼아 배를 지휘하는 선장이 된 것 같다. 목적지가 어디인지, 내가 만드는 요리가 강렬한 인도식 커리인지, 위안을 주는 캐서롤인지, 도시락을 돗자리 위에 펼쳐놓고 먹을지, 촛불을 밝힌 아름다운 저녁 식탁에서 먹을지도 모두 내가 정하기 나름이다.

음식은 추억을 불러온다. 나는 음식을 통해 의미 있고 특별한 추억들을 불러일으키는 전통을 다음 세대에 전달하는 일이 중요하다고 생각한다. 음식을 통해 우리는 서로의 뿌리, 가치, 애정을 표현하는 방식을 이

01 '제자리에 둠, 정돈(mise en place)'을 뜻하는 프랑스어. 본문에서는 레스토랑에서 주문받은 요리를 준비하기 위한 도구와 식재료의 배치를 말한다.

해한다. 음식에 얽힌 전통을 공유하는 것은 여러 가지 면에서 우리가 함께 살아가는 방식이다.

음식을 통해 우리는 민족이나 지역에 대한 새로운 지식을 얻기도 하며 낯선 곳에 가볼 수도 있다. 한 그릇의 음식이 우리를 새로운 곳으로 안내해주기 때문이다. 완전히 새로운 전통, 새로운 음식에 도전하는 것은 흥미로운 커뮤니케이션이다. 단순히 배만 불리는 것이 아니라 마음과 영혼을 모두 풍요롭게 채우기 때문이다. 이것은 다른 문화를 이해하기 위한 다리를 놓는 것이기도 하다. 그 경계를 넘기 위한 준비물은 음식, 유대감, 양질의 대화, 열린 생각과 마음이면 충분하다.

기꺼이 받아들이는 자세, 전통을 배타적인 것이 아니라 포용적인 것으로 이해하는 태도를 실천하는 것도 중요하다. 매해마다 행사에 초대받다 보면 추억이 생기고 장소에 대한 유대감이 생긴다. 집으로 누군가를 초대하고, 사는 모습을 보여주고, 전통과 음식을 나눔으로써 우리는 값을 매길 수 없는 선물을 선사할 수 있다. 한 가족이 살아가는 진솔한 모습을 보도록 타인에게 허락하는 일이기 때문이다.

나는 이 책이 근사하고 다양한 음식의 세계를 탐험하는 '자신만의 여행'을 시작하는 이들에게 안내서 역할을 해주었으면 한다. 이 책을 읽은 사람들이 새로운 문화와 맛을 열린 마음으로 받아들이고, 틈틈이 우리 아빠가 정성껏 준비한 퀴즈로 약간의 지식도 얻었으면 좋겠다. 말 그대로, 맛으로 생각을 채우는 기회를 가졌으면 한다.

_T. M. 레데콥

차례

들어가며

OI

향신료를 찾아서

- 바스쿠 다 가마가 인도에서 가져온 귀한 향신료는?
- 항해자 카브랄이 인도로 가던 중 우연히 발견한 나라는?
- 시나몬의 원산지는?
- 마젤란의 함대가 배와 선원들을 잃으면서까지 구해온 향신료는?
- recipe. 대항해시대를 재현하는 향신료 요리

콜럼버스는 위대한 영웅이다. 아니, 적어도 학교에서는 그렇게 배웠다. 하지만 이제 콜럼버스는 아메리카 대륙을 유럽인들의 착취와 질병에 노출시켰다며 아메리카 원주민들을 비롯한 현대인들에게 널리 비난받고 있다. 선생님들이 거짓말을 한 걸까? 내가 살고 있는 하와이에서 콜럼버스는 달력에서마저 방출되었다. '콜럼버스의 날'이 사라진 것이다.[01] 콜럼버스를 비롯한 탐험가들로서는 억울한 일이 아닐 수 없다. 수천 년간 인류는 지구의 구석구석까지 이동해 정착했다. 바퀴벌레나 쥐들처럼 인간도 넓은 곳에 흩어져 사는 법을 배웠다. 인간은 그렇게 해서

01 콜럼버스의 아메리카 대륙 상륙(1492년 10월 12일)을 기념하는 날. 미국에서는 매년 10월 두 번째 월요일이 콜럼버스의 날인데, 주별로 국경일(state holiday) 지정 여부는 차이가 있으며, 하와이, 알래스카, 오리건, 사우스다코타, 버몬트 주에서는 콜럼버스의 날을 기념하지 않는다. 하와이 주는 이날을 하와이를 발견한 폴리네시아인들을 기념하는 '발견자들의 날(Discoverers' Day)'로 대체했으나 법정 공휴일은 아니다.

향신료를 찾아 떠난 이탈리아의 탐험가, 크리스토퍼 콜럼버스.

살아남았고 결국 지구에서 우위를 점하게 되었다. 흩어져 살아가는 동안 인류는 각기 다른 언어, 신념 체계, 음식을 발달시켰고, 심지어 겉모습도 달라졌다. 흩어졌던 인류가 다시 모인 것은 필연이었고, 오랜 기간에 걸쳐 형성되어온 차이점들로 심각한 갈등과 다양한 문제를 겪을 수

밖에 없었다. 이런 문제는 어차피 콜럼버스가 아니었어도 일어났을 일들이다!

그런데 콜럼버스는 왜 아메리카 대륙까지 항해했을까? 학교에서 배운 이유가 사실일까? 콜럼버스는 지구가 둥글다는 사실을 증명하려고자 항해한 것이 아니었다. 지구가 계속 둥근 모양이었다는 것은 누구나 아는 사실이고, 콜럼버스 시대 훨씬 이전부터 상식이었다. '새로운 대륙'의 발견도 그의 목적은 아니었다. 사실 콜럼버스는 자신이 새로운 땅을 발견한 줄도 몰랐다. 네 번이나 탐험을 하고 나서도 여전히 아시아에 다녀왔다고 믿었다. 애초에 그는 동인도제도까지 가는 지름길을 찾으려고 길을 나섰던 것이다. 하지만 그것은 자살 행위나 다름없었다. 실제 세계는 그의 상상보다 훨씬 컸기 때문이다. 그가 이끈 함대의 장교들이나 일반 선원들을 포함한 대부분의 사람들은 콜럼버스의 견해에 동의하지 않았다. 콜럼버스가 실제로 동인도제도까지 가는 항로에 제대로 들어섰더라도, 반도 채 못 가서 음식과 물이 동났을 것이다.

학교 수업 시간에 콜럼버스의 탐험에 대해 배울 때 선생님들이 가장 강조한 부분은, 스페인 사람들을 움직인 동기가 금과, 신과, 명예였다는 점이다. 이 세 가지로 아메리카 대륙에 대한 스페인의 식민 지배를 설명하는 데에는 부족함이 없다. 하지만 그보다 앞선 콜럼버스의 진짜 항해 목적은 향신료였다. 요즘 학교는 어떤지 몰라도, 내가 다닐 때는 가르쳐 주지 않았던 사실이다.

탐험가들이 길을 떠날 무렵 유럽 부유층들 사이에서는 향신료의 수요가 어마어마했다. 향신료는 기존의 경로를 통해 아시아로부터 유럽으로 조금씩 흘러들어왔다. 로마인은 바닷길을 통해 인도와 교역했고, 그 이전의 이집트인도 마찬가지였다. 이집트 파라오의 콧구멍에 후추열매를 넣고 매장한 사례도 있다. 몰루카[02] 제도의 제한된 지역에서만 생산되던 정향이 기원전 1,500년 시리아에서 사용되었다. 향신료는 육로로도 수입되었다. 잘 알려진 비단길을 비롯해 몇 가지 경로가 있었다. 당시 유럽인들은 왜 향신료에 열광했을까? 이 질문은 현대인들에게 왜 1억 원짜리 자동차를 사고 싶어 하느냐고 묻는 것과 같다. 향신료가 꼭 필요해서는 아니었던 것 같다. 스페인에서 재배되는 사프란을 비롯해 유럽에도 음식 맛을 돋울 만한 재료들은 많았다. 미국에도 포드와 쉐보레가 있지만 여전히 미국인들은 유럽 차에 마음을 빼앗기지 않는가? 향신료를 숭배하고 동경하는 유럽인들 때문에 향신료의 가치는 금값이었고 정향과 육두구는 금보다 훨씬 비쌌다.

포르투갈인들은 교역 과정에서 중간 상인을 배제하고 인도까지 직접 항해하면 큰돈을 벌 수 있겠다는 계산에 이르게 되었다. 포르투갈의 항해왕자 엔히크[03]의 지원을 받아 아프리카 서해안을 따라 남쪽으로 항해한 포르투갈의 배들은 점차 영역을 확대했다. 마침내 1488년 바르톨로메우 디아스가 희망봉을 발견했고, 1498년 바스쿠 다 가마가 인도양을 가로질러 인도 남서부 말라바르 해안까지 진출했다. 거대 무역항 캘리컷(지금의 코지코드)에 상륙한 바스쿠 다 가마 일행에게 현지인들이 이곳에 왜 왔냐고 묻자, 다 가마는 기독교인들과 향신료를 찾으러 왔다고 대답했다. 마침 두 가지 모두 그 곳에 있었다. 말라바르의 기독교인들은 그

---

02 인도네시아 몰루카 해상의 군도. 과거 육두구, 정향 등 향신료가 이곳에서만 발견되었기 때문에 유럽인들은 향신료 제도(Spice Islands)라고 불렀다.

03 1394~1460년. Prince Henry the Navigator, 포르투갈어로는 Infante Dom Henrique, o Navegador. 포르투갈 주앙 1세의 셋째 아들. 대서양, 아프리카 서해안 지역의 탐험을 후원하고 수익의 일부를 세금으로 거뒀다. 실제 탐험가들의 항해에 동반한 적은 없으나 19세기 역사학자들과 전기 작가들이 붙인 '항해왕자(the Navigator)'라는 별명으로 널리 알려지게 되었다.

1492년, 콜럼버스는 카리브해 부근의 여러 섬들을 발견했다. 사진은 카리브해의 어느 섬.

때나 지금이나 가장 오래된 기독교 공동체[04]이고, 말라바르 해안에 면한 서 고츠 산맥 경사면은 후추의 원산지다. 당시로부터 백 년이 넘도록 후추는 매우 고가의 향신료였다. 아마도 다 가마는 여러 종류의 향신료를 포르투갈로 가져갔을 테지만, 그중 최고의 상품은 후추였을 것이다!

다 가마가 포르투갈로 돌아온 후, 또 다른 탐험가 카브랄 역시 인도 항해에 욕심을 부렸다. 페드루 알바르스 카브랄은 희망봉 앞바다를 돌아가는 항로가 험하다는 것을 알고 일단 서쪽으로 우회하다가 바람을 타고 큰 각도로 희망봉을 도는 계획을 세웠다. 하지만 서쪽으로 지나치게 치우치는 바람에 결국 브라질까지 가게 되었고 그곳에 포르투갈의

04 서기 52년 사도 토마스(도마)가 인도 말라바르 해안의 케랄라에 상륙해 기독교를 전파했다고 알려져 있다.

깃발을 꽂았다.

카브랄과 다 가마는 모두 캘리컷과 인근 지역을 포격하고 포르투갈의 향신료 무역 독점권을 주장했다. 하지만 두 사람은 향신료 거래를 완전히 장악하는 데는 실패했다. 교역 상인들이 너무 많았던 반면 포르투갈인들은 하나같이 뒷돈을 받아 챙겼기 때문이다. 말라바르 해안은 정작 향신료가 풍부하게 나는 향신료 제도(말루쿠 제도)와는 멀리 떨어져 있었지만, 포르투갈의 배를 불릴 만큼의 거래량은 확보할 수 있었다. 그들은 후추 이외에 시나몬 무역도 장악하려 했다. 시나몬의 원산지는 스리랑카(실론)였는데 실론산 시나몬과 아주 흡사한 계피는 아시아에 광범위하게 퍼져 있었다. 시나몬보다 훨씬 저렴한 계피는 이미 유럽에서도 거래되고 있었고 유럽인들은 지금과 마찬가지로 당시에도 시나몬을 선호했다. 지금은 미국에서도 실론산 시나몬을 구하기가 비교적 쉬워졌다. 하지만 여전히 미국에서 '시나몬'이라는 이름으로 팔리는 것들은 대부분

계피에 비해 부드럽고 단맛이 강한 시나몬.

계피고, 시나몬보다 싼 값에 거래되고 있다.[05]

스페인과 포르투갈은 이미 토르데실랴스 조약[06]을 맺고 자기들끼리 세상을 나누어 가지기로 합의했다. 대서양 위에 분계선을 긋고 스페인이 분계선 서쪽을, 포르투갈이 분계선 오른쪽을 모두 갖는다는 내용이었다. 인도산 향신료는 모두 포르투갈의 차지가 되었다는 뜻이다. 1520년경에는 스페인도 새로 획득한 영토가 (콜럼버스의 확신에도 불구하고) 향신료 제도 인근이 아니라는 점과 아메리카 대륙에서는 향신료가 전혀 나지 않는다는 사실을 깨달았다. 그래서 스페인은 꼼수를 부렸다. 조약의 분계선을 지구 반대편까지 연장하면 향신료 제도는 스페인의 영역이 된다고 생각한 것이다! 게다가 어차피 경계선으로 정한 경도선이 정확히 어디인지 눈에 보이는 것도 아니고, 향신료 제도가 어느 쪽에 속하든 상관없이 언제든 슬쩍 가져다 팔 수 있다는 계산이었다. 스페인은 포르투갈인 선장 마젤란에게 다섯 척의 배와 선원들을 주고, 콜럼버스가 최초에 했던 대로 향신료 제도로 가는 뱃길을 찾아 떠나게 했다. 마젤란은 아메리카 대륙을 거치는 경로가 필요했다. 운 좋게 남쪽으로 항해한 끝에 (이후에 마젤란 해협으로 불리게 될) 어느 해협을 발견했고 한 달 후 태평양에 진입했다.

---

05 시나몬: 실론 시나몬 트리(Cinnamomum verum)의 속껍질을 말린 향신료. 전 세계 실론 시나몬 트리의 80~90퍼센트가 스리랑카(실론)에서 재배되고, 아프리카 세이셸 공화국과 마다가스카르에서도 상업적인 재배가 이루어지고 있다. 계피에 비해 부드럽고 단맛이 강하다.

계피(Cassia): 육계나무(Cinnamomum Cassia)의 껍질을 말린 향신료. 차이니즈 카시아, 차이니즈 시나몬 등으로 불린다. 원산지는 중국과 동남아시아이며, 현재 유통되는 계피는 대부분 중국과 베트남에서 생산된다. 실론 시나몬에 비해 두껍고 매운 맛이 강하다.

06 콜럼버스의 탐험 이후 발생한 스페인과 포르투갈 간의 분쟁을 해결하기 위해 1494년 체결된 조약으로 유럽 외의 땅을 스페인과 포르투갈이 양분하는 내용. 16세기부터 영국, 프랑스, 네덜란드 등이 해상 무역과 식민지 경영에 뛰어들면서 무의미해졌다.

시장에서 판매 중인 다양한 향신료들.

마젤란은 필리핀에서 죽었지만, 향신료 제도가 어디인지 전혀 알지 못하던 그의 선원들은 겨우겨우 목적지에 도착했다.

떠날 때는 다섯 척이었던 배가 빅토리아 호 한 척에 열 네 명의 선원만 실은 채 스페인으로 돌아왔다. 만신창이가 된 빅토리아 호의 몰골에 투자가들은 가슴이 철렁했을 것이다. 하지만 그 배 한 척에는 최초의 세계 일주 여행의 비용을 모두 상쇄하고도 약간의 수익을 남길 수 있을 정도의 정향이 실려 있었다. 당시 사람들에게는 마젤란의 항해가 이룩한 세계 일주의 성과도, 심지어 마젤란이라는 사람의 운명도 관심 밖이었다. 중요한 것은 정향이라는 향신료뿐이었다!

이제부터 향신료를 이용한 에피타이저를 만들어보자. 멀드 와인(향신료를 넣어 따뜻하게 데워 마시는 와인)은 대항해시대에 보편적으로 즐겼던 음료다. 아마도 그냥 마시기에는 와인의 품질이 대부분 형편없었나 보다!

recipe 대항해시대를 재현하는 향신료 요리

"와인은 내 요리 친구, 가끔 요리에 들어가기도 한다." _W. C. 필즈[01]

◆ 멀드 와인용 스파이스 믹스

¼컵 분량의 스파이스 믹스로 대항해시대 멀드 와인의 맛을 되살려보자. 완성된 믹스를 얇은 무명천이나 면 주머니에 2큰술 정도 싸서 예쁜 포장용 끈으로 묶으면, 남의 집에 초대받았을 때나 손님들을 위한 답례품으로 좋은 선물이 된다.

– 재료

- 통 시나몬 잘게 부수거나 얇게 자른 것 ½컵
- 말린 오렌지 껍질 ¼컵
- 통 정향 ¼컵
- 통 올스파이스[02] 열매 ¼컵
- 바닐라 빈 1꼬투리(씨만 긁어내 사용하고 깍지 부분은 따로 두었다가 설탕이나 꿀, 집에서 만든 바닐라 익스트랙트[03]에 담가둔다)
- 스타아나이스[04] 열 개(선택)
- 홀 시나몬 스틱 열 개(선택)

– 나만의 비법

- 볼에 모든 재료를 넣는다. 바닐라 씨가 한 곳에 몰리지 않도록 골고루 섞는다. 밀폐 용기에 담는다.
- 선물용이라면 스타아니스와 시나몬 스틱을 각각 한 개씩 선물 주머니 안에 같이 넣어준다.

---

01 1880~1946년. 미국의 희극배우이자 작가.

02 올스파이스 나무의 열매를 덜 익은 상태에서 말린 향신료. 올스파이스라는 이름은 시나몬, 육두구, 정향을 섞은 듯한 향에서 유래한다. 다른 향신료들과 잘 어울리며, 카리브해 연안 지역에서 즐겨 사용한다.

03 바닐라 추출액. 바닐라 빈을 럼이나 보드카 등 알콜 도수가 높은 술에 담가 숙성시킨다. 제과제빵시 향을 내거나, 나쁜 향을 없애는 용도로 사용한다.

04 여덟 개의 꼭지가 있는 별모양 향신료. 팔각이라고도 부르며 중국요리에 많이 사용된다.

◆ 대항해시대 멀드 와인

쌀쌀한 겨울밤에 마시기 좋은 음료다. 사이다 대신 사과 주스나 크렌베리-사과 주스를 써도 좋지만, 가능하면 사이다[05]를 구해보자. 향이 깊고 풍부해지기 때문이다. 와인을 아예 넣지 않고, 온 가족이 즐길 수 있는 파티 음료로 준비해도 좋다. 와인이 들어가지 않으면, 미리 만들어 저장해놓을 수 있으므로 밖에서 모임용으로 쓸 수도 있다. 씁쓸한 맛을 중화시켜 주는 부드러운 바닐라 향에 반한다면 두고두고 잊지 못할 인생 음료가 될 것이다.

- 재료

- 카베르네 소비뇽 한 병(750ml)
- 사이다 또는 주스 네 컵
- 바닐라 허니(없으면 일반 꿀) ¼컵
- 미리 만들어놓은 스파이스 믹스 2큰술
- 오렌지 한 개 분량의 주스와 제스트(안쪽 흰 부분을 제외한 껍질, 주로 갈아서 쓴다)
- 향을 살려주는 시나몬 스틱과 스타나이스

- 나만의 비법

- 바닥이 두꺼운 냄비에 재료를 모두 담고 불에 올린다. 끓어오르면 약 불로 줄이고 10분간 졸인다.
- 예쁜 병에 담는다. 개인 잔에 따른 후 시나몬 스틱을 곁들여 낸다.
- 와인을 넣지 않으면 냉장고에 일주일까지 저장 가능하다.

향이 깊고 풍부한 대항해시대 멀드 와인.

---

05 과일(주로 사과)을 압착시켜 만드는 무알콜 음료. 여과 과정을 거치지 않기 때문에 과육이 포함되어 있고 색이 탁하다. 설탕 등의 첨가물을 넣지 않아 유통기한이 비교적 짧지만, 멸균 포장된 제품도 있다. 발효시켜 술을 담그기도 하는데 이 경우 하드 사이다라고 한다.

◆ 말라바르 후추 구제르[06]

간단한 파타슈(슈 페이스트리)와 기본 만드는 법은 동일하다. 귀여운 한입 크기의 폭신한 구제르는 칵테일 파티에 잘 어울린다.
갓 빻은 후추가 기분 좋게 미각을 자극하고, 고소하고 크리미한 치즈의 짭짤한 뒷맛이 인도의 옛 향기와 완벽하게 어우러진다.

– 한입 크기로 약 70개 분량

– 재료

- 우유(지방을 제거하지 않은 홀 밀크) 한 컵
- 물 한 컵
- 과립형 설탕 1작은술
- 소금 2작은술
- 무염 버터 ½파운드(약 225g)
- 중력분 밀가루(체에 친 것) 두 컵과 2큰술
- 상온에 둔 달걀 큰 것 아홉 개
- 갈아놓은 스위스 치즈[07] 또는 그뤼에르 치즈 두 컵
- 갓 빻은 말라바르 후추 2작은술

– 나만의 비법

- 오븐을 180℃로 예열한다. 우유, 물, 설탕, 소금, 버터를 큰 소스 팬에 담고 중불에 데운다.
- 버터가 완전히 녹으면 밀가루를 나무 숟가락으로 저으면서 섞는다.
- 수분이 날아가도록 약한 불에 1분 정도 더 저어준다. 팬 가장자리에서 반죽이 쉽게 떨어질 정도가 되면 불을 끄고 1분간 식힌다.
- 손이나 스탠드 믹서로 달걀 아홉 개를 세 개씩 나누어 섞는다. 먼저 넣은 달걀들이 완전히 섞이면 다음 달걀들을 넣는다.
- 치즈와 후추를 뿌린다. 완전히 녹지 않고 적당히 섞일 정도로 저어준다.
- 유산지를 간 쿠키 팬 위에 짤주머니나 티스푼을 이용해 반죽을 올린다. 각각의 반죽 사이에 2~3cm 간격을 둔다.
- 180℃로 예열한 오븐에서 20분에서 25분 동안, 반죽이 노릇한 갈색이 될 때까지 굽는다.
- 미리 만들어놓을 경우 2주까지 보관 가능하다. 나는 일단 팬에 올린 구제르를 냉동실에 넣어 얼린 후 밀폐 용기에 담아 보관한다. 얼린 구제르는 필요한 만큼 꺼내 해동 후 180℃에서 5분간, 또는 바삭해질 때까지 가열한다.

---

06 반죽에 치즈를 넣어 만든 슈 페이스트리(베이비 슈).

07 미국에서 스위스 치즈는 에멘탈 치즈를 의미하기도 하지만 에멘탈 치즈와 식감과 모양(구멍이 송송 뚫린)이 비슷한 미국산 치즈를 가리키기도 한다.

02
마르코 폴로가 동쪽으로 간 까닭은?

- 마르코 폴로는 어느 나라 사람일까?
- 마르코 폴로가 방문할 당시 중국의 통치자는 누구?
- 마르코 폴로는 유럽인들에게는 생소한 중국식 화폐를 소개했다. 무엇일까?
- 마르코 폴로가 유럽인들에게 소개한 새로운 연료는?
- 고향에 돌아온 마르코 폴로를 감옥에 가둔 것은 누구인가?
- recipe. 중국 남부를 여행한 마르코폴로에게 추천하는 쌀 요리

마르코 폴로는 디아스, 다 가마, 콜럼버스, 마젤란보다 먼저 대항해시대와 지리적 발견을 위한 토대를 마련했다. 내가 가르치는 학생들 대부분은 마르코 폴로를 수영장에서 하는 술래잡기 놀이[01] 정도로 알고 있는 것 같지만, 나는 13세기 쿠빌라이 칸[02]의 궁정을 방문했던, 베네치아 출신의 이 상인에게 유난히 애착이 간다. 마르코 폴로가 고향 베네치아로 돌아왔을 때, 대다수 사람들은 그의 이야기를 믿어주지 않았고 이러한 불신은 이후 수세기 동안 이어졌다. 공교롭게도 내가 박사학위를 위

01 술래가 눈을 감고 "마르코"라고 외친 후, 다른 참가자들이 "폴로"라고 대답하는 소리를 듣고 위치를 파악해 잡는 놀이.

02 1215~1294년. 재위 기간 1260~1294년. 칭기즈칸의 손자이며 몽골제국의 5대 황제로 등극했다가, 1271년 대원대몽골국(원나라)을 세워 초대 황제가 되었다. 고려 25대 충렬왕의 비, 제국대장공주의 아버지이기도 하다.

해 칠레에서 연구를 마치고 돌아왔을 때도 내가 체험한 이야기를 믿지 않는 사람들이 많았다. 마르코 폴로가 태평양을 본 최초의 유럽인인지는 몰라도 중국을 속속들이 보지 못한 것처럼, 내가 본 것도 칠레의 전부는 아니다.

중국은 그 어떤 국가나 문명보다 극적인 기복을 겪었다. 역사상 적어도 한 번, 어쩌면 그 후로도 몇 번 중국은 세계 최대의 경제 대국이었다. 하지만 이후 외세의 침략, 인구 감소, 해외 이민 등으로 중국 경제는 붕괴했다.

중국 농업에서 가장 큰 비중을 차지하는 자급용 쌀은 아마도 세계에서 가장 많은 사람들을 먹여 살리는 농작물일 것이다. 지금과 같은 형태의 쌀농사를 누가 어디서 시작했는지에 대해서는 의견이 분분하다. 내가 처음으로 수강했던 지리 강의에서는 중국의 양쯔 강 유역을 쌀농사의 발상지로 보는 견해가 우세했다. 하지만 두 번째로 수강했던 강의에서는 한국이 쌀농사를 처음 시작했다는 주장이 우세했다. 최근 드러난 증거에 따르면, 빙하기 마지막 무렵에 중국의 주장(珠江) 강 유역에서 쌀을 재배하기 시작했다는 설이 가장 유력하다.

TIP

한국의 기후는 쌀의 이모작에 특히 유리하다.

마르코 폴로가 중국을 방문하기 약 1,000년 전, 대략 기원전 200년부터 기원후 200년까지가 중국의 첫 번째 융성기였다. 현대 중국인들은 일반적으로 이 시기, 즉 한나라 시대부터 자신들의 정체성의 뿌리가 시

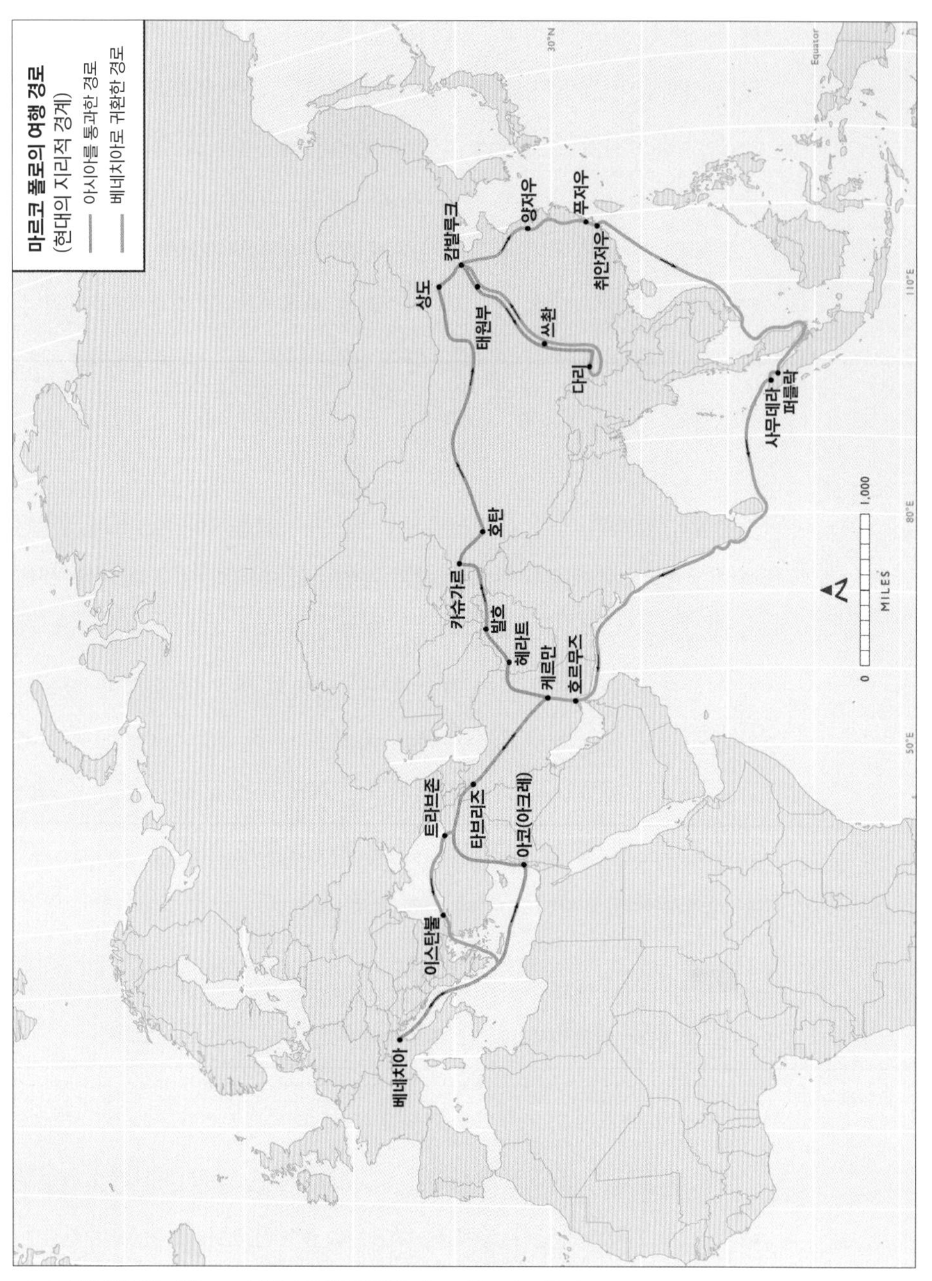

1271년 베네치아를 떠나 1295년까지 세계를 탐험한 마르코 폴로의 여행 경로.

작되었다고 생각한다. 한나라 시대의 중국인들도 쌀을 재배했지만, 당시는 아직 쌀이 주요 작물은 아니었다. 마르코 폴로는 중국 남부를 여행했으므로 쌀을 본 적은 있겠지만, 쿠빌라이 칸의 궁정에서는 쌀이 흔하지 않았을 것이다. 미국인은 중국인들이 쌀을 먹는 민족이라고 생각했지만, 중국 북부에서는 쌀이 재배되지 않았다. 쌀을 식량으로 선호하는 이유는 일반적인 곡물보다 단위 면적당 비교적 많은 영양소를 얻을 수 있기 때문이었다. 중국 북부로 쌀 재배 지역이 확대된 것은 최근 수십 년 내의 일이고, 새로운 품종 개발로 재배에 소요되는 기간이 단축된 결과일 것이다. 어쩌면 기후 변화도 영향을 미쳤을지 모른다.

마르코 폴로의 삼촌과 아버지 등 폴로 일가의 귀향길은 배로 인도 아대륙(인도, 방글라데시, 파키스탄을 포함한 지역)을 둘러 가는 험난한 여정이었다. 폴로 일가는 값진 보석을 잔뜩 싣고 베네치아로 돌아왔다. 하지만 그들이 귀국한 시기에 하필 베네치아는 제노아와 전쟁 중이었다. 마르코 폴로는 해전에 참전했다가 제노아인들에게 포로로 잡혀 감옥에 갇히고 만다.

우리가 아는 한 마르코 폴로는 (당시 유럽인에게는 '캐세이'라고 알려졌던) 중국에 머문 24년의 기간에 대해 어떠한 기록도 남기지 않았다.[03] 다만 포로로 잡혀 있는 동안 중국에서 겪은 일들을 다른 포로들에게 들려주었다. 이렇다 할 원고는 없었지만, 마르코 폴로의 중국 여행기는 책으로 출판되어 유럽에 널리 퍼졌다.[04] 지리학의 시초라고도 부를 수 있는 마

---

03 마르코 폴로는 1271년 베네치아를 떠났다가 1295년에 돌아왔다.

04 《Book of the Marvels of the World》 또는 《The Travels of Marco Polo》 등 여러 가지 제목으로 알려져 있다. 중세기사로맨스 작가였던 루스티켈로 다 피사(Rustichello da Pisa)가 감옥에서 마르코 폴로의 이야기를 듣고 고대 프랑스어로 썼다고 알려져 있다. 원본은 사라졌고, 마르코 폴로 생전에 여러 언어로 번역되었다.

르코 폴로의 이 모험담은 이후 수백 년간 지도 제작자들에게 영향을 미쳤다. 마르코 폴로보다 200년이나 후대에 살았던 베네치아 출신의 지도 제작자 프라 마우로 역시 마르코 폴로에게 많은 영향을 받았을 것이다.

마르코 폴로는 유용하고 흥미로운 정보들을 유럽인들에게 전해주었다. 그 당시 중국인들이 유럽에서는 아직 사용되지 않던 지폐를 이미 사용하고 있는 모습을 목격했고, '돌멩이'를 연료로 사용하는 모습도 관찰했다. 당시 유럽은 산업혁명으로 석탄이 사용되기 500년 전이었으므로, 유럽인들에게는 매우 생소한 광경이었을 것이다.

마르코 폴로의 업적으로 알려진 것들 중 일부는 진실이 아니다. 가장 흔히 거론되는 스파게티의 전래 역시 마찬가지다. 중국인들은 밀이 아니라 수수로 만든 국수를 마르코 폴로가 오기 전, 적어도 천 년 전부터 만들어 먹었다. 하지만 이탈리아에는 마르코 폴로 이전부터 스파게티가 있었다. 마르코 폴로보다 먼저 누군가가 중국에서 국수 만드는 법을 이탈리아로 전한 것일까? 아마도 그렇지는 않을 것이다. 어떤 이들은 마르코 폴로가 가구의 개념을 처음 유럽에 전했다고 주장한다. 중국인들에게 아름다운 가구를 만드는 훌륭한 재능이 있는 것은 사실이지만 마르코 폴로가 태어나기 훨씬 전부터 유럽인들도 가구를 만들어 사용해왔다.

아이스크림은 어떨까? 네로가 마르코 폴로보다 천 년이나 앞서 알프스 산의 얼음으로 디저트를 만들게 했으므로, 마르코 폴로가 이탈리아에 젤라토를 전수했다는 주장을 믿는 사람은 없다. 중국인들이 아이스크림을 발명한 것은 아니지만 중국인들도 아이스크림을 만들어 먹었으니 마르코 폴로가 그들의 아이디어를 유럽에 가지고 온 것은 사실이다.

그러던 중, 중국 동쪽의 바다에 대한 마르코 폴로의 보고서가 콜럼버스의 관심을 끌었다. 1492년 당시 선원들과 지식인들 사이에서 지구가 둥글다는 것은 상식이었다. 다만 지구의 둘레에 대해서는 이견이 있었다. 콜럼버스가 생각한 지구의 크기는 실제의 약 절반 정도였다. 그때까지 포르투갈과 스페인 배들이 서쪽으로 가장 멀리 도달한 지점은 북대서양의 아조레스 제도였다. 아조레스 제도에 도착한 콜럼버스는 수평선 바로 너머에 중국이 있고 그곳에 과거의 마르코 폴로가 서 있었을 것이라고 상상했는지 모른다.

마르코 폴로가 포로로 감옥에 갇히지 않았더라면 그의 이름은 알려지지 않은 채 묻혀버렸을 것이다. 어쩌면 아이들은 수영장에서 마르코 폴로가 아니라 크리스토퍼 콜럼버스 놀이를 하며 놀아야 했을지도 모른다.

중국 남부를 여행한 마르코폴로에게 추천하는 쌀 요리

"아무리 뛰어난 주부라도 쌀 없이는 요리를 할 수 없다." _중국 속담

쌀은 하와이 인들의 주식이다. 하와이에서는 어떤 음식이든 쌀밥을 곁들인다. 우리 지역 교회의 카후(목사 혹은 스승)는 젊은 남성 신자들에게 전기밥솥 없이 (백미)밥을 못하는 여자와는 결혼하지 말라고 설교하곤 한다. 신혼 무렵 나는 밥이라곤 냄비를 불에 올려놓고 짓는 밥밖에 몰랐다. 어머니가 늘 그렇게 밥을 하셨기 때문이다. 결혼해서 남편이 전기밥솥에 밥을 하라고 했을 때 내가 얼마나 당황했는지 모른다. 남편의 친구들이 단체로 놀러오기로 되어 있어서 밥을 해야 했는데, 전기 밥솥을 사용할 줄 모른다고 하면 남편이 실망할 것 같았다. (게다가 나는 노련한 주부인 척을 하고 싶었다!) 나는 사용 설명서대로 쌀을 넣고 물을 붓고 버튼을 눌렀다. 하지만 밥솥 아래에 찜 틀이 들어 있는 것을 모르고 그냥 밥을 하는 바람에 완전히 망치고 말았다. 밥알이 너무 질척거려서 먹을 수가 없었다. 나는 결국 슈퍼마켓까지 차를 몰고 가서 쌀을 다시 사왔다. 밥은 필수였기 때문이다. 지금도 나는 전기밥솥을 쓰지 않고 냄비에 밥을 한다. 이제는 바닥에 눌어붙지도, 질척거리지도 않고 딱 먹기 좋게 찰진 밥을 짓는다. 먹기 좋은 밥을 짓기 위해 물을 정확히 맞추어서 녹말이 충분히 나와 쌀알이 흩어지지 않게 해야 젓가락으로도 집을 수 있는 밥이 된다. 버터를 넣으면 쌀알이 달라붙지 않으므로 넣지 않는다.

◆ 바닐라 라이스

버터를 넣으면 바닐라 씨가 골고루 잘 퍼진다. 버터의 지방 때문에 바닐라가 다른 재료 사이에 쉽게 섞이기 때문이다.

- 재료
- 백미 네 컵
- 버터 4큰술
- 코셔 소금 2작은술
- 바닐라 빈 ½개 분량의 바닐라 씨

- 나만의 비법
- 바닥이 두껍고 뚜껑이 완전히 밀폐되는 냄비에 쌀을 넣는다. 물을 붓고 쌀겨가 떨어져나가

시금치와 바닐라 라이스 캐서롤.

도록 잘 씻는다. 물을 버릴 때는 쌀알이 떠내려가지 않도록 주의한다. 구멍이 촘촘한 체에 물만 걸러낸다. 이렇게 두 번 더 씻은 쌀을 냄비에 담고 평평해지도록 손으로 톡톡 두드린다. 새끼손가락을 기준으로, 쌀 표면에서 첫 번째 마디 높이만큼 물을 붓는다.

- 냄비를 불에 올리고 약한 불에 끓인다. 버터, 소금, 바닐라를 넣고 재빨리 한번 휘저어준다.
- 뚜껑을 덮고 최대한 약한 불에서 20분 동안, 또는 쌀이 완전히 익고 물을 모두 흡수해 부드러워질 때까지 끓인다. 현미의 경우 10분 정도 더 걸린다.
- 밥이 다 되었는지 알아보려면 나무 스푼이나 주걱으로 냄비 바닥 깊이까지 밥을 퍼 보아 물이 모두 흡수되었는지 확인하거나, 밥알 몇 개만 집어 맛을 보아도 좋다. 하지만 김이 너무 빠져나가지 않도록, 되도록 빨리 뚜껑을 닫는다.

◆ 시금치와 바닐라 라이스 캐서롤

이제부터 만들어볼 캐서롤은 우리 아이들이 가장 좋아하는 음식이다. 현미를 사용해도 좋고 (아들 하나가 올해 당뇨 진단을 받은 후로 우리 집에서는 현미를 더 자주 사용한다) 백미와 현미를 섞어도 좋다. 구수한 맛과 향을 원한다면 바스마티 쌀[01]을 사용해도 좋다.

---

01 알곡이 길고 가는 장립종(Indica) 쌀로 특유의 향이 있다. 인도, 파키스탄에서 주로 생산된다. 우리나라에서는 장립종 쌀을 안남미로 통칭하지만 베트남(안남은 지금의 베트남 중북부에 해당), 태국, 캄보디아에서 주로 생

- 8인분

- 재료
- 포르투갈 소시지[02] 한 개, 4등분해서 잘게 깍둑썰기 한다.
- 큰 양파 한 개, 잘게 깍둑썰기 한다.
- 식힌 바닐라 라이스 여덟 컵
- 냉동 시금치 네 팩, 해동 후 물기를 완전히 뺀다.[03]
- 달걀 여덟 개, 가볍게 푼다.
- 우유(지방을 제거하지 않은 홀밀크) 2½컵
- 슈레드 체더-잭 혼합치즈[04] 2½컵
- 말린 타임 1작은술
- 잘게 부순 콘플레이크 (선택)

- 나만의 비법
- 냄비 한 개로 전 과정을 조리할 수 있다. 나는 재료가 다 들어가는 큰 냄비나 팬을 사용한다.
- 팬에 기름을 두르고 소시지를 튀긴다. 노릇하게 튀겨진 소시지는 종이타월로 기름을 빼고 팬에 남은 기름은 약간만 남기고 닦아낸다. 양파를 투명하고 부드러워질 때까지 볶는다.
- 나머지 재료를 모두 넣고 잘 섞는다.
- 버터를 바른(또는 식물성 기름을 뿌린) 약 23×8cm 크기의 오븐용 그릇에 재료를 담는다. 잘게 부순 콘플레이크를 뿌리고 가볍게 눌러준다.
- 190℃로 예열한 오븐에서 윗부분이 갈색이 되고 수분이 사라질 때까지 굽는다. 약 30분 정도가 적당하다.
- 우리 집에서는 프랭크 소스나 타바스코 같은 매운 소스와 함께 먹는다.

산되는 재스민 라이스보다 알이 더 길고 가늘다.

02 링귀사(linguica, 마늘과 파프리카로 맛을 낸 훈제 소시지), 쇼리수(chourico, 초리조라고도 한다. 파프리카로 매콤한 맛을 낸 고기를 훈제, 훈연, 발효해 돼지, 소 등의 창자로 만든 껍질에 싼 소시지) 등. 하와이인들이 즐겨 먹는 포르투갈 소시지는 정통 포르투갈/스페인식 소시지보다 달고 부드럽다. 하와이에서는 19세기부터 이주해오기 시작한 포르투갈계와 일찍부터 포르투갈의 영향을 받은 일본계 주민들에 의해 포르투갈 요리와 식재료를 비교적 쉽게 볼 수 있다.

03 냉동시금치 한 팩은 280g, 해동 후 물기를 빼면 1~1.5컵 정도가 된다.

04 몬터레이 잭 치즈(Monterey Jack Cheese). 18세기 캘리포니아 몬터레이에서 처음 만들어진 치즈를 사업가 데이비드 잭이 상업적으로 판매하기 시작하면서 붙여진 이름. 숙성 기간이 한 달로 비교적 짧으며 향과 맛이 부드럽다.

03
볼리비아의 감자가 유럽을 지배하다

- 볼리비아는 수도가 둘이다. 어디와 어디일까?
- 센 강 어귀에 있는 도시 이름은?
- 1860년에서 1960년까지 인구가 크게 줄었다가 다시 빠른 속도로 성장하고 있는 유럽 국가는?
- 미국 본토에서 유럽과 가장 가까운 카운티는?
- 감자 칩을 처음 만든 곳은?
- recipe. 볼리비아에서 개발된 수천 종의 감자가 라플라타 강을 건너 요리가 되다

농업혁명은 인류가 이룩한 가장 중요한 성과 중 하나지만 많은 사람들이 여전히 제대로 이해하지 못하는 부분이 있다. 사실 농업 혁명은 어느 날 갑자기 일어난 '혁명'이라기보다는 수천 년간 계속되고 지금도 진행 중인 하나의 과정이다. 또 단순히 봄에 씨를 뿌려 가을에 추수하게 된 것만을 의미하지도 않는다. 농업 혁명의 가장 중요한 성과는 야생 식물을 작물화하고 야생 동물을 가축화하게 된 것이며, 더 구체적으로는 인간에게 더욱 이롭게 동식물의 종을 개량시키는 선발 육종이 가능해졌다는 데 있다.

선발 육종의 의미를 쉽게 이해하기 위해 개와 코끼리를 비교해보자. 우리는 DNA 연구를 통해 개가 늑대의 후손이라는 사실을 알게 되었다.

같은 늑대의 후손이라도 치와와를 사냥개와 비교해보면 선발 육종이 가져온 결과가 명확해진다. 인간이 수천 년간 수송수단으로 이용한 아시아 코끼리는 긴 세월 동안 별로 달라진 점이 없다. 인간은 코끼리를 길들였지만 코끼리는 여전히 야생동물이다. 선발 육종을 통해 코끼리를 지금보다 더 크게, 혹은 더 작게 만들 수 있을까? 아마 가능하겠지만, 실현된 적은 없다.

볼리비아가 북미와 남미 대륙의 다른 국가들과 다른 점은 수도가 라파스와 수크레 두 곳이라는 점이다. 볼리비아는 감자의 원산지이기도 하다. 감자는 미국인들이 아이리시 포테이토 또는 화이트 포테이토(실제로 감자는 다양한 색을 띠지만)라고 부르는 덩이줄기 식물이다. 감자는 중앙아메리카가 원산지인 고구마나 아프리카가 원산지인 얌(마과 식물의 통칭)과는 다르다. 볼리비아 원주민들은 수백(어쩌면 수천) 종의 감자를 개발했고 그중 일부는 칠레에서도 나는 품종이다. 현재 미국인들이 먹는 감자의 99퍼센트는 칠레산 품종에서 파생한 것들이다.

TIP

볼리비아는 아메리카 대륙에서 유일하게 바다와 면하지 않은 내륙국이다. 파라과이도 바다와 직접 면한 해안은 없지만 라플라타 강을 타고 대서양으로 나갈 수 있다.

감자는 초기 스페인 탐험가들에 의해 유럽에 들어왔지만 유럽 농부들은 18세기가 되어서야 본격적으로 감자를 생산하기 시작했다. 감자는 땅속에서 자라기 때문에 농작물을 망치는 여러 질병으로부터 안전했고, 다른 작물을 재배하기에 적합하지 않은 척박한 땅에서도 잘 자랐다.

감자를 주식으로 삼는 민족들이 여럿 있지만 프랑스인들만큼 감자를 사랑하는 사람들도 드물다. 흔히 '프렌치프라이'라고 부르는 감자튀김

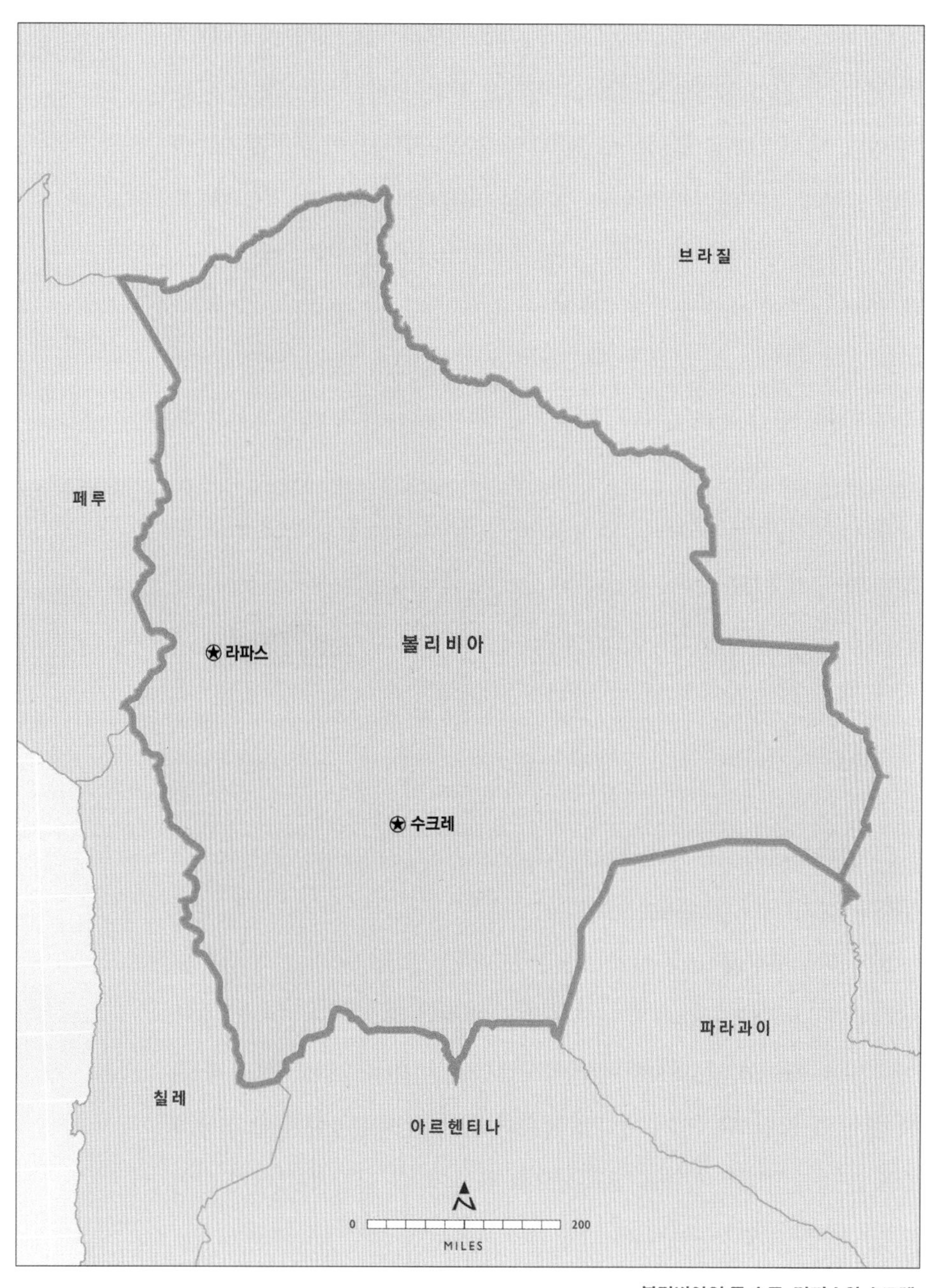

볼리비아의 두 수도, 라파스와 수크레.

(프랑스어로는 프리트frite)이 프랑스에서는 거의 모든 메뉴에 딸려 나온다. 미국인들이 감자튀김을 프렌치프라이라고 부르는 데는 그럴 만한 이유가 있다. 역시 감자를 좋아하는 영국인들은 감자를 '칩'이라고 부르는데 아마도 무엇이든 프랑스와 연관 짓지 않으려는 고집 때문인 듯하다. 최근 파리에 갔다가 매시드포테이토 전문 레스토랑에서 식사를 한 적이 있다. 아마 이곳이 세상에서 유일한 매시드포테이토 전문 식당일 것이다.

1960년, 나는 처음으로 프랑스 센 강 어귀의 르아브르에 갔었다. 2차 세계대전이 끝나고 15년이나 흘렀지만, 르아브르는 여전히 전쟁의 상흔을 간직하고 있었다. 아마 그때까지 가본 도시들 가운데 가장 볼품없었던 곳으로 기억한다. 2014년 다시 르아브르를 방문했을 때 변화한 그 모습은 마치 기적과도 같았다. 전쟁의 상처와 폐허 대신 건축과 디자인 관련 상을 휩쓴 조형물과 건물들로 완전히 새로운 도시가 되어 있었던 것이다. 내가 찾은 음식점에서는 메뉴에 있는 모든 요리에 감자튀김이 딸려 나왔다.

화이트 포테이토는 아일랜드와 인연이 깊다. 1840년대, 아일랜드 농부들의 감자('아이리시 럼퍼'라는 품종) 의존도는 대단했다. 아일랜드의 남성 노동자들은 하루에 최대 60개, 그 아내들은 그것의 절반 정도의 감자를 소비했다. 아일랜드 감자에 병충해가 발생하자 즉시 엄청난 기근으로 이어졌다. 기근의 정도가 어찌나 심각했던지, 아일랜드인들이 '초록 입병'에 걸려 죽었다는 말까지 나올 정도였다. 농촌 사람들이 들판의 풀과 잡초를 뜯어먹다가 입가를 초록색으로 물들인 채 길가에 쓰러져 죽어 있는 경우가 많았기 때문이다.

아일랜드는 19세기 내내 인구가 줄었고, 인구 감소는 1960년까지 이어졌다. 하지만 이후로는 인구가 꾸준히 증가했고 지금의 아일랜드는 연간 경제성장이 약 2퍼센트에 이르는, 유럽에서 가장 빠르게 성장하는 국가다.

감자는 미국 여러 지역에서 자란다. 내가 어린 시절 우리 집은 물론 친구들 집에서도 모두 저녁마다 감자를 꼭 먹었다. 아버지는 온타리오 호수 남쪽 연안을 따라 늘어서 있던 노점에서 감자를 잔뜩 사오곤 하셨다. 과거 온타리오 호의 바닥이었다는 그 지역은 흙이 흑단처럼 검었다. 어머니는 아버지가 사오시는 싸구려 감자를 '흙감자'라고 부르며 싫어하셨다. 감자가 흙투성이인 것은 사실이었지만, 왠지 어머니의 말투는 세상에 그보다 더 더러운 것은 없다고 말씀하시는 것 같았다. 때때로 어머니는 메인 주에서 자란 감자를 사오셨다. 감자 봉지에는 '메인 주, 아루스투크 카운티'라고 적혀 있었다. 아루스투크 카운티는 감자산지로도 유명하지만 2차 세계대전 중 밝혀진 바로는 미국 본토에서 유럽에 가장 가까운 카운티이기도 하다. 아마 미국 육군성 관계자 중에 지리학자가 있었나 보다. 아루스투크의 공군기지는 전후에나 완성되었지만, 지난 수십 년 동안 아루스투크는 감자가 아니라 방위산업으로 먹고사는 곳이라는 인식이 지배적이었다.

TIP

아루스투크 카운티는 전통적으로 아카디아(7장 참조)의 일부분이다. 2005년 아루스투크 전체 또는 일부를 캐나다 뉴브런즈윅 주에 편입시키려는 시도가 있었다.

감자 칩은 미국인들이 가장 좋아하는 간식거리다. 내 고향의 작은 식료품점에만 가봐도 알 수 있다. 감자 칩의 연간 매출은 150억 달러가 넘는다. 그렇다면 감자 칩은 어디서 처음 만들었을까? 여러 가지 주장이 엇갈리지만, 19세기 중반 뉴욕 사라토가 스프링에서 조지 크럼이라는 요리사가 발명했다는 설이 유력하다. 이 요리는 적어도 뉴욕 주 북부에서는 '사라토가 칩'이라는 이름으로 팔렸다. 내 조부모님들은 항상 감자 칩을 사라토가 칩이라고 불렀다.(그렇지만 한 번도 사주시지는 않았다!) 그리고 예상했겠지만 역시나 영국인들은 감자 칩을 '크리스프'라고 부른다.

볼리비아에서 개발된 수천 종의 감자가 라플라타 강을 건너 요리가 되다

"단언컨대 감자를 정말 좋아하는 사람치고 훌륭하지 않은 사람이 없다."
_A. A. 밀른[01]

◆ 마늘과 바닐라 아이올리 소스를 곁들인 프랑스식 감자튀김

다양한 셰프들과 함께 일하면서 나는 그들 개개인이 가지고 있던 비법들을 내 것으로 만들었다. 겉은 바삭하고 속은 부드러운 최고의 감자튀김을 만들려면, 감자를 두 번 튀겨야 한다는 것, 그리고 튀김 재료에 물기가 많으면 튀김요리가 눅눅해진다는 것을 배웠다. 진짜로 맛있는 감자튀김을 원한다면 몇 가지 수고스러운 과정을 거쳐야 한다. 아이올리는 우리 가족이 정말로 좋아하는 소스다. 아이올리가 떨어지면 집안 분위기가 침울해질 정도다. 그래서 더욱 여러분 입맛에도 맞았으면 좋겠다. 바닐라는 마늘에 부드러운 식감을 더해주고, 마요네즈의 신맛을 도드라지게 한다. 감자튀김과도 어울리지만, 14장에서 만들 파프리카 양파 잼과 함께 바삭한 빵에 얹어 먹으면 기가 막힌다.

– 4~6인분 기준, 에피타이저나 사이드 디시용

– 재료
• 감자(러셋 감자[02]) 약 2.3kg
• 타피오카 가루 ½컵(옥수수 녹말로 대체 가능)
• EVOO[03] 또는 식물성 식용유
• 코셔 소금

– 나만의 비법
• 감자를 씻어 껍질을 벗긴 후, 5~6mm 두께로 얇게 썬 다음 다시 길쭉하게 채 썬다. 볼에 찬물을 붓고 감자를 담근다. 감자의 전분이 어느 정도 빠지도록 30분에서 한 시간가량 담가놓

---

01 영국의 작가. 《곰돌이 푸(Winnie-the-Pooh)》의 저자.
02 아이다호 감자라고도 한다. 껍질은 어두운 갈색, 속은 하얀 색이며 수분이 적고 파삭파삭해 베이킹이나 튀김용으로 많이 사용한다. 특히 길쭉한 모양 때문에 맥도날드 감자튀김에 가장 많이 사용된다고 알려져 있다.
03 EVOO는 엑스트라 버진 올리브유(Extra Virgin Olive Oil)의 약자. 가능하면 최상의 EVOO를 구입해서 쓰자. 확실히 요리가 달라진다.

는다.
• 감자를 건져 체에 밭쳐 물기를 뺀 후 종이타월을 깐 베이킹 팬에 서로 겹치지 않게 펼쳐놓는다. 감자에서 수분이 빠져나가도록 최소 30분 정도 둔다. 남은 물기는 종이타월로 눌러 제거한다. 종이봉투에 감자와 타피오카 가루를 넣고 흔들어 가루를 골고루 묻힌다.(큰 볼에 넣고 버무려도 된다)
• 큰 스톡 냄비에 기름을 높이 5cm 정도 차오르게 붓고 180℃로 가열한다. 준비된 감자를 한 번에 ¼분량만큼 튀긴다. 표면이 바삭해질 때까지 2~3분 튀긴 후 금속 체나 그물국자로 건진다.
• 베이킹 팬에 새로 종이타월을 깔고 감자를 펼쳐놓는다. 기름을 다시 180℃로 가열한 후 다음 분량의 감자를 튀긴다.
• 한번 튀긴 감자는 최대 네 시간까지는 두었다 먹을 수 있다. 내기 직전에 기름을 다시 가열해 한 번 더 튀긴다. 한 번에 튀기는 분량은 첫 번째와 동일하다.
• 감자가 노릇노릇하고 바삭해질 때까지 각각 2~3분 정도 튀긴다. 체나 그물국자로 건져 새로 깐 종이타월에 올린 후 코셔 소금을 뿌린다. 아이올리 소스와 곁들여 바로 먹을 수 있도록 낸다.

◆ 마늘과 바닐라 아이올리 소스[04]

– 2½컵 분량

– 재료
• 마늘 열 쪽, 껍질을 벗겨 얇게 썬다.
• EVOO 3큰술
• 질 좋은 마요네즈 두 컵
• 마늘가루 1작은술
• 바닐라 빈 ½분량의 씨, 남은 빈은 두었다가 다음에 쓴다.

– 나만의 비법
• 작은 팬에 올리브 오일을 두르고 중약 불에서 가열한 후 마늘을 넣는다. 가끔 저어주면서 마늘이 부드러워지고 노릇해질 때까지 4~5분 간 익힌다. 나는 팬에 뚜껑을 덮어 증기를 쏘이는데, 이렇게 하면 마늘이 더 부드러워진다. 팬을 불에서 내려 마늘을 완전히 식힌다.
• 큰 볼에 마요네즈, 마늘 가루, 바닐라 씨를 섞어 마요네즈 소스를 만든다.
• 팬에 식힌 마늘과 기름을 마요네즈 소스에 넣고 저어준다. 재료의 향이 서로 잘 섞이도록 최소 30분간 두었다가 낸다. 하루 전에 만들어두면 더 좋다. 뚜껑을 덮어 냉장고에서 열흘까지

---

04 마늘과 올리브 오일을 기본으로 하는 소스. 스페인, 프랑스, 이탈리아의 지중해 연안 지역에서 즐겨 사용하며 지역에 따라 달걀, 마요네즈 등을 첨가하기도 한다.

보관 가능하다. 아티초크, 구운 고기나 생선과 잘 어울리며, 감자튀김과도 물론 궁합이 잘 맞는다. 새로운 맛에 빠져보시길!

◆ 콜캐넌[05]

부드러운 리크[06], 톡 쏘는 케일, 따뜻한 감자, 바삭한 베이컨을 이용해, 내 방식대로 만드는 아주 간단한 힐링 요리다. 미리 만들어두면 일요일 브런치로 제격이다. 수란, 사워크림이나 샤프 체더 치즈, 민트 고명을 얹은 시트러스 샐러드를 곁들여도 좋고, 소시지 그릴구이, 자우어크라프트와 함께 먹어도 좋다. 10장에 소개된 자우어크라프트 레시피를 활용해보자.

아일랜드의 전통 요리 콜캐넌.

– 메인 요리로는 3~4인분, 사이드 디시로는 5~6인분 분량

– 재료

- 버터 4큰술
- 감자 약 450g. 껍질을 벗겨 삶은 후 우유, 버터를 넣고 취향에 따라 으깬다.(감자 덩어리가

---

05 아일랜드 전통 요리. 으깬 감자와 케일 또는 양배추가 기본 재료다.

06 파속의 야채. 대파와 비슷하게 생겼지만, 파와 달리 맵지 않고 달콤하다.

남아 있을 정도로 가볍게 으깨야 씹히는 맛이 있어 식감이 좋다)
• 리크 세 줄기, 얇게 썰어 헹군 후 물기를 빼 놓는다.(겹겹이 쌓인 층을 분리해 흙을 완전히 제거한다.)
• 컬리 케일(또는 근대) 500g, 물에 흔들어 씻은 후 잎사귀 부분만 큼직하게 썰어놓는다.
• EVOO 2큰술
• 사워크림 ½컵
• 빵가루 ½컵
• 베이컨 여섯 쪽, 구워서 잘게 부순다.
• 쪽파 세 뿌리, 얇게 썬 것
• 소금, 후추 취향에 따라 약간씩

– 나만의 비법
• 크고 바닥이 두꺼운 팬을 중약 불에 올려놓고 버터 4큰술을 녹인 후 리크를 넣는다. 리크가 부드러워 질 때까지 3~4분간 볶는다. 케일을 넣고 숨이 살짝 죽을 때까지 2분간 익힌다.
• 불을 끄고 팬의 내용물을 접시에 옮긴다. 같은 팬에 기름을 두르고 감자와 사워크림을 넣은 후 잘 지으며 섞어준다.
• 빵가루를 뿌린 후 불을 약간 올리고 바닥이 노릇하게 되도록 가열한다. 금속 스패튤라를 이용해 여러 조각으로 자른 후 양면이 모두 노릇하고 바삭해질 때까지 뒤집어가며 익힌다.
• 볶아둔 리크와 케일을 다시 팬에 넣고 고루 따뜻해지도록 데운다.
• 불을 끄고 따뜻한 접시에 담아 부순 베이컨과 잘게 썬 파를 뿌린다.

04
카리브의 눈물, 설탕

- 사탕수수의 원산지는?
- 유럽에 처음 설탕을 들여온 사람은?
- 설탕의 원료가 되는 대표적인 두 가지 식물은?
- 백설탕과 흑설탕의 차이는?
- 세계 최대의 설탕 생산국은?
- recipe. 사탕수수가 준 선물, 설탕이 없다면 절대 만들 수 없는 달콤한 디저트

사탕수수와 같은 작물이 어떻게 최초의 원산지에서 세계 곳곳으로 퍼져나가게 되었는지를 밝혀 지식 전반에 기여하는 것도 문화지리학의 기본 역할 중 하나다. 인간이 식물을 작물화하고 동물을 가축화한 하나하나의 과정은 모두 중요한 혁신의 사례들이다. 이러한 혁신들은 지리적으로 전파되는 동안 더욱 변화(대부분 발전)하면서 인류의 생존 가능성을 조금씩 높여나갔다. 설탕이 과연 인간에게 이로운지에 대해서는 논란의 여지가 있지만 설탕이 그 어떤 작물에 뒤지지 않을 만큼 세상을 변화시키는 데 기여했던 것만은 확실하다.

대부분의 학생들은 자신들을 지도하는 교수를 신뢰한다. 그래서 어느 날 내가 학생들에게 우유와 달걀도 먹지 않는 엄격한 채식주의자를 뜻하는 '비건(vegan)[01]'이라는 말이 북아메리카 토착어인 앨곤퀸어로 '서툰

사냥꾼'을 뜻한다고 알려주자, 학생들은 대부분 노트에 그대로 받아 적었다. 아마도 시험에 나올 것이라고 생각한 모양이다. 당시 비건이라는 말은 일반인들 사이에 막 통용되기 시작한 신조어였다. 하지만 이 역시 인류 문화사에서 끊임없이 반복되는, 음식문화와 전통을 둘러싼 지루한 갑론을박의 한 사례일 뿐이다. 예를 들어 인도 세포이 항쟁은 영국이 엔필드 소총[02]에 새로운 탄약통을 사용하면서 촉발되었다. 장전이 쉬워지도록 총탄에 기름을 발랐는데 인도의 힌두교도들은 이때 사용한 기름이 동물의 기름, 특히 힌두교에서 도살을 금지하는 소의 지방이라고 믿었고, 회교도들은 이슬람 율법이 금지하고 있는 돼지의 지방이라고 믿었다.

TIP

세포이는 인도 현지인으로 구성된 인도 동인도 회사의 용병부대다. 영국에 큰 충격을 준 세포이 항쟁은 1857년에 발생했다.

종교와 전통 이외에도 음식을 둘러싼 논쟁거리는 끝이 없다. 내가 알기로 하와이 대학에만 언론학을 전공하는 학생들이 700명가량 있다. 전국적으로 엄청난 수의 기자들이 배출될 것임을 고려하면, 적어도 일주일에 한 번은 음식 관련 특종이 터져줘야 한다. 정치 관련 스캔들은 보통 1면 기사에만 나지만, 정치 기사 보다는 음식 관련 기사를 읽는 사람들이 더 많을 테니 기사거리도 더 많아야 할 것이다. 참치에서 수은이 검출되고, 밀가루에 든 글루텐이 말썽을 일으키고, 뉴욕에서는 트랜스

01 좁은 의미로는 우유, 달걀을 포함한 동물성 식품을 섭취하지 않는 엄격한 채식주의자, 넓게는 일체의 동물성 제품을 사용하지 않으며 동물의 상업적 이용에 반대하는 사람을 가리킨다.

02 19세기 영국 군대에서 사용한 소총.

지방이 들어 있다며 물도 못 마시게 하고, 알고 보니 유독성 화학물질에 고영양 화합물질이 함유되어 있다는 기사가 반복해서 쏟아져 나오는 것도 그런 이유다. 하지만 사람들의 가장 큰 관심거리는 두 가지 백색 결정체, 즉 설탕과 소금이다. 희한하게도 둘 다 음식에 들어갈 뿐 음식이 아니고, 내가 아는 한 세상에 설탕과 소금을 금지하는 종교는 없다. 동네 슈퍼마켓 진열대를 유심히 살펴보았더니 소금과 설탕 대용품이 진짜 소금과 설탕보다 훨씬 많은 공간을 차지하고 있었다.

화학적으로 설탕이라고 정의되는 물질은 생각보다 다양하고, 설탕을 정제하고 농축시키는 과정은 매우 복잡하다. 하지만 우리의 관심사는 오직 지금 식탁 위에 놓인 (아마도 백색의) 설탕가루나 오트밀에 뿌려 먹는 흑설탕에 한한다. 거의 모든 식물에는 설탕, 즉 당분이 포함되어 있지만 우리가 활용할 수 있을 정도로 충분한 양을 함유하고 있는 식물은 아주 드물다. 그중 가장 흔한 식물이 바로 사탕수수다. 원산지는 뉴기니로 추정되며, 적어도 그곳에서 처음 작물화된 것은 확실하다.

사탕수수는 기원전 500년경 동남아시아에서도 재배되었고 인도에도 널리 퍼져 있었다. 인도 설탕에 대해 언급한 중국 고대 필사본도 있다. 기원전 4세기 알렉산더 대왕의 군대가 마케도니아로 사탕수수를 가지고 돌아갔다는 기록도 있다. 하지만 그 이상의 진전은 없었다. 사탕수수를 적극 활용한 사람들은 아랍 상인들이었다. 8세기경에 지중해 연안 지역에서 사탕수수를 재배하기 시작했는데 대부분 회교도들이 독점적으로 관리했다.

포르투갈과 스페인은 대서양의 섬 지역(마데이라, 카나리, 아조레스 제도)에서 대규모 사탕수수 농장을 경영했고 여기서 얻은 사탕수수를 새로 발견한 영토로 옮겼다. 카리브 연안 지역은 세계 설탕 산업의 중심지가 되

사탕수수는 당분이 충분히 함유되어 있는 식물이다.

었다. 근대적인 플랜테이션 경영의 시초는 어쩌면 설탕 산업인지도 모른다. 플랜테이션은 넓은 땅에서 대규모 노동력을 이용해 단일 작물을 재배하는 농업 방식이다. 작업 규모가 크다 보니 노동자들의 삶은 전적으로 플랜테이션 농장에 얽매이게 되었다.

사탕수수와 플랜테이션 경영은 식민지와 노예제도의 주된 원인이기도 하다. 새로운 영토에서 경영한 '설탕 식민지'는 유럽의 농장주들에게 막대한 부를 안겨주었지만, 대규모 노예무역으로 수백만 명의 아프리카인들이 자유를 빼앗긴 채 아메리카 대륙으로 끌려가게 만든 원흉이었다.

설탕은 사탕무(veta vulgaris)라는 또 다른 식물에서도 생산된다. 18세기 독일 과학자들이 비트를 선택적으로 육종해 설탕을 얻는 데 성공했지만 정작 사탕무가 널리 알려지게 된 것은 나폴레옹에 의해서다. 카리브해 연안, 특히 아이티에서 생산된 설탕 덕분에 루이 14세 시대 프랑스는 세계에서 가장 부유하고 강력한 나라로 군림했다. 하지만 나폴레옹 전쟁 당시 프랑스는 영국 해군에게 봉쇄당했고, 설상가상으로 아이티가 독립을 선언함과 동시에 프랑스 군대를 대파했다. 프랑스는 설탕 생산기지를 잃어버렸다. 나폴레옹은 사탕무 재배를 의무화했고 파리 권역 두 곳에 설탕 정제 공장을 세웠다. 오늘날 프랑스는 세계 최대의 사탕무 생산국이고 그 뒤를 미국이 뒤쫓고 있다. 하지만 사탕무로부터 생산되는 설탕은 세계 설탕 생산의 20퍼센트에 불과하다.

과거 사탕수수 밭으로 뒤덮였던 카리브해 연안과 하와이에서 설탕은 점점 사라지고 있다. 이 지역의 인건비가 감당할 수 없을 정도로 상승하

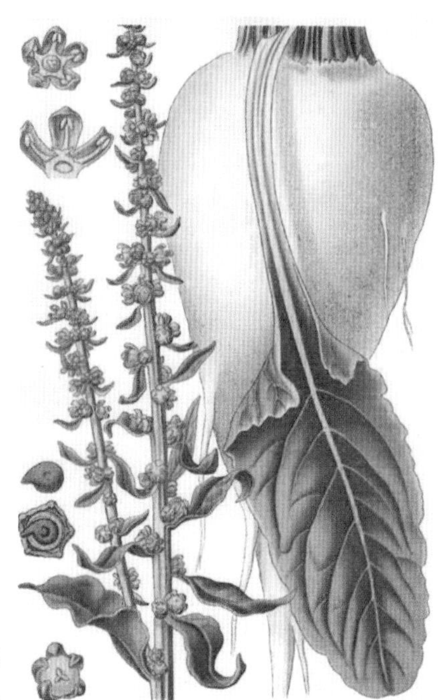

사탕무에서도
설탕을 얻을 수 있다.

프랑스 잡지 〈릴뤼스트라시옹〉 1843년 5월 13일자에 실린 프랑스 사탕무 정제 공장의 모습.

는 한편, 관광산업이 새롭게 부상했기 때문이다. 오늘날 세계 최대의 설탕 생산국은 브라질이고, 2위는 인도다. 남아프리카 국가들의 컨소시엄도 상당량의 설탕을 생산하고 있다.

흑설탕은 백설탕을 정제하는 과정에서 생산되는 중간 산물이다. 하지만 당밀의 양을 제어하기 어렵고 알갱이의 크기가 크다는 점 때문에 완전히 정제된 백설탕에 당밀을 첨가하는 방식으로 생산해왔다. 색이 진할수록 당밀이 많이 함유되었다는 뜻이다.

사탕수수와 관련해 한 가지 덧붙이자면, 흔히 사탕수수 밭을 태우는 이유가 뱀을 쫓기 위해서라고 많이들 알고 있는데, 물론 뱀이 사라지는 것이 좋은 효과 중 하나이긴 하지만 불을 지르는 진짜 목적은 아니다. 퀸즐랜드와 아프리카에서 (그리고 아마 다른 지역에서도) 사탕수수 밭에 불을 지르는 가장 큰 목적은 사탕수수 줄기에서 설탕 생산에 도움이 되지 않는 부분을 제거하기 위해서다. 불필요한 부분이 사탕수수의 20퍼센트를 차지하고 있기 때문에 사탕수수밭을 태우면 설탕의 품질도 좋아지고 정제를 위해 공장으로 옮겨야하는 화물의 무게도 줄어든다. 사탕수수를 압착해 즙을 분리해내고 남은 찌꺼기를 버개스라고 하는데, 이 버개스를 태워 전기 에너지를 생산하기도 하고, 가축 사료나 건축자재로도 사용해왔다. 언젠가는 버개스가 채식주의자들의 식탁에 오를지도 모른다.

사탕수수가 준 선물, 설탕이 없다면 절대 만들 수 없는 달콤한 디저트

"잘 구운 애플파이는 가정의 행복에 크게 기여한다." _제인 오스틴

◆ 바닐라 캐러멜

– 한 컵 분량

– 재료

• 헤비크림(유지방 함유량이 36~40%로 높은 휘핑크림) 한 컵
• 바닐라 빈 ¼개
• 설탕 한 컵
• 물 ¼컵
• 바닐라 엑스트랙트 1큰술

– 나만의 비법

• 바닥이 두꺼운 중간 크기 팬에 크림을 붓는다.
• 바닐라 빈에서 긁어낸 씨와 깍지를 크림에 넣는다.
• 바닐라가 골고루 퍼지도록 살살 저어가며 중간 불에서 가열한다. 가장자리에 거품이 생기기 시작하면 불을 끄고 따뜻한 상태로 둔다.
• 바닥이 두꺼운 중간 크기 소스 팬을 하나 더 준비한다. 분량의 설탕과 물을 설탕이 녹을 때까지 강한 불에서 가열한다. 눌어붙지 않도록 실리콘 브러시 등으로 팬 가장자리를 쓸어내리며 옅은 꿀 색이 될 때까지 약 5분 내외로 가열한다. 갈색으로 변하면 조리하기 힘들어지므로 그 전에 불을 끄도록 세심하게 살피면서 가열한다.
• 일단 불에서 내린 후 살짝 물러서서 데워놓은 바닐라 크림을 천천히 저으면서 붓는다. 1~2분 정도 식힌 후 바닐라 익스트랙트를 저어가며 섞는다. 따뜻할 때 아이스크림, 애플파이, 초콜릿 수플레 등에 끼얹어 낸다. 디저트를 맛있게 즐긴다!

◆ 소박한 애플 타르트

– 8인분

내가 좋아하는 '자유분방형' 파이 조리법이다. 화보에 나오는 완벽한 형태를 갖출 필요가 없어서 좋다. 가장자리를 어떻게 접든 결국엔 아름다운 나만의 파이가 완성되기 때문이다.
하와이에서 파이를 굽기란 여간 까다로운 일이 아니다. 우선 재료의 온도를 적당히 유지하는 것부터 쉽지 않다. 나는 버터를 작은 조각들로 잘라서 유리 접시에 담아 냉동실에 넣어두고 사용 직전에 꺼낸다. 물도 필요한 분량을 유리 계량컵에 담아 냉동실에 넣어두면 물도 계량컵도 차갑게 보관할 수 있다.

– 재료

– 파이 반죽용
- 중력분 1½컵
- 설탕 1큰술
- 소금 ½작은술
- 무염버터 작게 잘라서 차갑게 보관해둔 스틱(약 113g) 하나와 2큰술
- 냉동실에 차갑게 보관한 물 ⅓컵

– 파이 속 재료용
- 청사과[01](또는 새콤한 사과 아무거나)
- 설탕 3큰술
- 시나몬 1작은술
- 바닐라 허니 2큰술
- 무염 버터 2큰술

– 나만의 비법

- 먼저 파이 반죽을 만든다. 푸드 프로세서에 블레이드가 장착된 상태에서 반죽용으로 계량한 밀가루, 설탕, 소금, 버터를 넣고 펄스 버튼을 다섯 번 누른다.[02] 푸드프로세서의 뚜껑을 열고 찬물을 골고루 뿌린다. 뚜껑을 다시 덮고 펄스 버튼을 10회에서 12회 눌러 반죽이 약간 섞인 상태로 만든다. 버터 조각이 눈에 보여야 한다.
- 조리대 위에 비닐 랩을 60cm 길이로 깔고 반죽을 랩 위에 붓는다. 랩으로 반죽을 납작한 둥근 모양으로 눌러가며 싼다. 냉장고에 20분 이상 둔다.
- 반죽이 숙성되는 동안 속 재료를 만든다. 사과를 깎아 반으로 잘라 씨를 빼고 중심축과 수직 방향으로 5~6mm 두께로 썬다.(사과를 깎아서 씨를 빼고 얇게 써는 과정을 한번에 처리해주는 기계도 있다!) 가장 예쁜 조각들을 맨 위에 얹어야 하므로(전체의 3분의 1 정도) 따로 담아

---

01 미국은 사과품종이 다양하며 제과 제빵용으로 선호하는 품종이 따로 있는데, 그래니 스미스는 파이 재료로 특히 널리 사용된다. 1868년 호주에서 사과농장을 운영하던 마리아 앤 스미스가 우연히 발견한 변종 사과로 연두색에 가까운 초록색 껍질에 과육이 단단하며 신맛이 강하다.

02 푸드 프로세서의 펄스 버튼은 버튼을 누르고 있는 동안만 블렌더가 강한 힘으로 빠르게 돌아가도록 하는 기능이다. 푸드 프로세서가 없거나 펄스 버튼이 없는 경우 가루들을 잘 섞어준 후 물을 붓고 버터 조각들이 녹아 섞이지 않을 정도만 손으로 반죽한다.

잘 구워진 애플 타르트.

두고 나머지는 잘게 썬다.
• 작은 볼에 시나몬과 설탕을 섞어둔다.
• 작업대 위에 밀가루를 살짝 뿌리고 베이킹 팬에 유산지를 깔거나 식물성 식용유를 스프레이로 뿌린다. 냉장고에 식혀둔 반죽을 꺼내 랩을 위쪽만 벗긴 후 반죽 면을 밀가루가 묻은 바닥에 닿도록 놓는다. 이렇게 랩을 씌운 상태에서 반죽을 밀면 밀대에 반죽이 들러붙지 않는다. 밀대로 반죽을 밀어 대략 30×36cm 크기의 직사각형 모양으로 만든다.(또는 둥근 모양이나 내가 하는 대로 둥그스름한 직사각형 모양으로 만들어도 상관없다.)
• 긁개나 금속 스패튤라로 반죽을 조심스럽게 떼어내 반죽이 바닥에 오도록 베이킹 팬에 올린 후 랩을 벗긴다.
• 반죽 가장자리에서 2.5cm만큼 남겨두고 잘게 썰어놓은 사과를 반죽 위에 골고루 펼쳐 올린다. 사과 위에 바닐라허니를 뿌린다. 맨 위에 얹으려고 따로 담아둔 사과 조각들을 서로 약간 겹치게 옆으로 줄을 맞춰 놓거나 여러 개의 동심원 모양으로 놓는다. 시나몬과 섞은 설탕을 사과 위에 골고루 뿌리고 버터를 얇은 조각으로 잘라 듬성듬성 놓는다. 반죽 가장자리를 사과 위로 접어 올린다.
• 200℃로 예열한 오븐에서 45분간, 또는 가장자리 반죽이 노릇하고 바삭해질 때까지 굽는다. 베이킹 팬을 꺼내 식힌다. 따뜻하게 또는 실내 온도와 비슷하게 식힌 후 낸다.

필요한 도구: 푸드 프로세서, 밀대, 비닐 랩, 베이킹 팬
사전 준비사항: 미리 만들어둔 반죽은 밀폐용기 담아 냉장고에서 이틀, 공기가 통하지 않도록

비닐에 잘 꼭 싸면 냉동실에서 두 달까지 보관 가능하다.

– 팁

• 잘라놓은 버터와 물은 냉동실에 두었다가 사용 직전에 꺼낸다.
• 비닐 랩으로 반죽을 덮은 다음 밀면 밀대에 반죽이 들러붙지 않는다.
• 작은 팬에 꿀을 살짝 가열하면 뿌리기 쉽다.(꿀이 굳으면 사용하기가 힘들다.)
• 거품을 낸 바닐라 크림, 바닐라 아이스크림과 함께 내거나 바닐라 캐러멜 소스, 몰던 소금[03]을 뿌려서 낸다.

---

03 영국 에식스 몰던에 위치한 몰던 솔트 컴퍼니(Maldon Salt Company)가 생산하는 자염(바닷물을 끓여서 만든 소금). 얇은 피라미드 형 결정타입의 입자로 이루어져 있으며 쉽게 부서진다.

05
신들의 열매, 카카오

- 초콜릿의 원료인 카카오의 원산지는?
- 카카오의 최대 생산국은?
- 미국 최초의 초콜릿 공장이 세워진 곳은?
- 세계 최대의 초콜릿 제조사 이름과 본사의 위치는?
- 2차 세계대전 중 펜실베이니아의 허쉬 인 허쉬 초콜릿과의 경쟁에서 이긴 기업과 그 비결은?
- recipe. 신들의 열매로 만드는 코코아 케이크

향기로 지역을 구분할 수 있을까? 이것은 잘 알려진 방식도 아니고, 학교에서 가르쳐주지도 않지만 우리가 살아가는 주변 환경을 이해하는 데 분명 도움이 되는 방법이다. 가령 나는 우리 집에서 친척 아주머니 댁까지 냄새만으로 길을 찾을 수 있었다. 대체로 고약한 냄새였다. 무슨 가스를 생산하는 시설에서 특히 좋지 않은 냄새가 났다. 가스를 공기 중으로 그냥 내보냈기 때문이다. 그럭저럭 괜찮은 냄새가 나는 곳도 있었는데 이탈리안 레스토랑과 유제품 가게였다. 어떤 곳에서는 묘한 냄새가 났다. 이유는 잘 모르겠지만 안 그래도 비좁은 인도 위에 생선 튀김을 파는 가판이 잔뜩 모여 있었다. 더 넓은 지역을 대상으로 생각해보면 어떤 도시는 지도나 GPS도 없이 바람에 실려오는 냄새만으로 찾아갈 수 있다. 특히 펄프와 제지 공업으로 유명한 조지아 주 밸도스타와 펜실베이니아 주 타이론은 쉽게 찾을 수 있다.

특정 지역을 떠올리게 하는 냄새 가운데 나는 매년 여름방학이 끝나고 학교로 돌아갈 때 맡았던 냄새를 특히 좋아한다. 펜실베이니아 주립대학으로 향하다 보면 특별히 주 경계를 넘었다는 표시가 없어도 후각으로 먼저 변화를 알아챈다. 석유화학 공장에서 나오는 냄새들이 뒤섞인 뉴저지의 공기와 신선한 건초 향기로 가득한 펜실베이니아의 공기는 달라도 너무 달랐기 때문이다. 대학 시절 나는 오스위고 강변(뉴욕 주 바지 운하의 일부)을 따라 차를 달리곤 했는데 그때마다 뉴욕 풀턴의 네슬레 공장에서 나오는 초콜릿 향기를 맡았다. 나는 초콜릿을 그다지 좋아하지 않는 데도 그 향기만은 매혹적임을 인정하지 않을 수 없었다. 동식물을 속명과 종명으로 분류하는 체계를 확립한 린네도 나와 같은 생각이었나 보다. 카카오나무에 테오브로마(Theobroma), 즉 신들의 음식이라는 이름을 붙였으니 말이다.

초콜릿의 원료인 카카오의 원산지는 메소아메리카[01] 지역이다. 유럽인들이 들이닥치기 전, 멕시코와 과테말라에서 카카오를 재배했다. 당시 카카오에서 음료를 추출했는데 아마도 굉장히 쓴맛이었을 것이다. 향신료를 찾아 이곳에 도착한 콜럼버스는 (중앙아메리카 해안에 겨우 발만 들여놓았던) 네 번째 항해를 마치고 스페인으로 귀환할 때 카카오를 가지고 갔다. 스페인의 부자들은 카카오 음료에 푹 빠졌지만, 당시에는 카카오가 너무 귀하고(그래서 엄청나게 비쌌고) 맛이 너무 써서 대중적인 인기를

---

01 멕시코 중부에서 벨리즈, 과테말라, 엘살바도르, 온두라스, 니카라과에 이르는 지역으로 콜럼버스와 스페인 군대 침략 이전에 올메카, 마야, 아즈텍인들의 문명이 융성했다.

얻은 것은 한참의 세월이 흐른 뒤였다.

스페인 정복자들의 손에 무너진 아즈텍 문명은 초콜릿 음료를 다량으로 소비했지만 직접 재배하지는 않았다. 아즈텍인들은 멕시코의 고지대에 살았는데(멕시코의 수도 멕시코시티의 높이는 해발 2,200미터가 넘는다), 카카오는 저지대 열대기후에서만 잘 자랐다. 따라서 아즈텍인들과 저지대 부족 간의 카카오 거래가 매우 활발했다.

유럽인들은 카카오의 활용법을 더 개발시켰는데 특히 설탕을 첨가한 달콤한 초콜릿에 대한 수요는 거대 시장으로 발전했다. 그 결과 카카오가 유럽과 미국의 초콜릿 시장으로 쏟아져 들어왔다. 점차 초콜릿 산지

열대 지방에서 자라는 카카오나무로부터 카카오 열매를 얻을 수 있다.

가 원래의 중앙아메리카가 아니라 아프리카로 옮겨가면서 초콜릿은 돈이 되는 환금작물로서 재배되었다. 오늘날 세계 카카오 생산의 3분의 1을 차지하는 아이보리 코스트를 비롯해, 전 세계 생산량의 70퍼센트가 서아프리카에서 생산된다. 최근 수년간 초콜릿 수요는 꾸준히 증가했고 세계 카카오 생산량은 지난 30년 새 두 배가 되었다.

카카오가 열리는 나무는 포라스테로, 크리오요, 트리니타리오 이렇게 세 가지다. 세계에서 생산되는 카카오의 95퍼센트(그리고 아프리카산 카카오 전량)가 포라스테로 카카오다. 크리오요 카카오는 품질이 가장 뛰어나지만, 질병에 취약해 기르기가 까다롭다. 베네수엘라가 크리오요 카카오의 주요 생산국이다. 트리니타리오는 포라스테로와 크리오요의 교배종이다.

미국에서 가장 오래된 초콜릿 공장은 바로 내가 대학 시절 맡았던 초콜릿 향기의 주인공, 풀턴의 네슬레 공장이다. 내가 그렇게 확신하는 데에는 합리적인 이유가 있다. 풀턴 공장이 언제 가동을 시작했는지는 알아낼 수 없었지만, 스위스에서 사람들을 데리고 왔다는 것은 잘 알려져 있다. 이후 풀턴 공장이 스위스에 본사가 있는 네슬레의 일부가 되었고 네슬레는 세계 최대의 식품회사로 성장했다. 밀크 초콜릿은 네슬레의 후원을 얻어 다니엘 피터라는 사람이 발명했다. 내 기억이 맞다면, 밀크 초콜릿은 풀턴 공장의 주요 생산품이었다. 그러나 세월이 흘러 풀턴의

TIP

풀턴 공장을 인수한 회사는 세계 최대의 카카오 생산지인 아이보리 코스트에 본사를 두고 있었다. 곧 그 회사도 파산하고 말았다.

생산시설 다수가 미국 북동부 '러스트 벨트[02]'의 여느 공장들처럼 낡고 시대에 뒤떨어진 설비들 때문에 경영난을 겪었다. 풀턴 공장은 2003년에 문을 닫았다.

TIP

밀턴 허시는 캐러멜 공장을 매각하는 이유에 대해, '캐러멜은 일시적인 유행이지만, 초콜릿은 영원히 사랑받을 것'이라는 유명한 말을 남겼다.

허쉬는 미국 최대, 아마도 내가 알기로는 세계 최대의 초콜릿 제조사다. 밀턴 허시는 허쉬 초콜릿 이전에 랭커스터 캐러멜 컴퍼니로 제조업에 발을 들여놓았다. 캐러멜 사업은 크게 성공했지만 그는 회사를 팔고 자신의 고향, 지금의 펜실베이니아 허쉬에서 1903년부터 초콜릿 생산을 시작했다.

허쉬의 대표 상품인 '키세스'는 1903년에 처음 개발되어 현재까지도 세계적으로 인기를 누리고 있다. 여기서 (지리와는 무관한) 퀴즈 하나: 허쉬의 키세스는 하루에 몇 개나 만들어질까? 답은 무려 8,000만 개!

해리 리스는 허쉬 소유의 낙농장에서 일하다가 허쉬 공장으로 옮겨갔고 결국 독자적으로 제품을 개발했다. 그는 허쉬 공장이 있는 바로 그 지역에 자신의 공장을 열었는데 미국이 설탕 배급을 시작한 1941년 무렵 엄청난 기회가 찾아왔다. 설탕이 덜 들어가는 피넛버터컵이라는 단일 제품에 생산력을 집중해 큰 성공을 거둔 것이다. 내가 수많은 아이들에게 물어본 결과 피넛버터컵은 지금도 할로윈에 가장 받고 싶은 제품 1

---

02 미국 중북부(upper Midwest) 지역의 주들. 제조업 전성기인 1870년대부터 1970년대까지 호황을 누렸으나 20세기 중엽부터 제조업이 사양길에 들어서면서 경기 후퇴, 인구감소로 빈곤, 실업 등의 문제가 나타났다. 뉴욕 주 서부, 펜실베이니아, 웨스트버지니아 등이 여기에 속한다.

스페인 바르셀로나 라보케리아 시장에 진열중인 초콜릿.

위로 꼽힌다. 하지만 이후 해리스가 세상을 떠나자 허쉬는 리스사를 인수했다.

허쉬와 관련해 한 가지 덧붙이자면, 우리 어머니가 집안 대대로 내려오는 초콜릿 케이크 레시피를 가지고 계셨는데, 아마 분말 코코아가 처음 생산될 무렵부터 만들어졌을 것이다.[03] 어머니는 나보다도 초콜릿을 더 싫어하셨지만 케이크 레시피를 나름대로 분석해 오래된 단위들(가령 달걀 한 개 크기의 버터)을 현대적으로 개량하셨다. 어머니의 레시피로 만든 케이크는 내가 맛본 것 중 최고였다. 나는 최근에 허쉬다크코코아를 첨

---

03 1828년 네덜란드의 초콜릿 생산자 쿤라드 판하우턴(Coenraad van Hauten)이 카카오 콩을 초콜릿 버터와 초콜릿 파우더로 분리하는 기계를 발명했다.

가해 케이크가 너무 쉽게 부서지는 단점을 보완했다. 안 그래도 나무랄 데 없는 케이크가 모양도 맛도 더 좋아졌다.

신들의 열매 카카오로 만드는 코코아 케이크

"인정할 건 인정하자고요. 촉촉하고 부드러운 초콜릿 케이크 하나가 얼마나 큰 역할을 하는지. 나한테도 그렇답니다." _오드리 햅번

◆ 바닐라 빈 버터크림 프로스팅과 달콤 쌉싸래한 초코시럽을 얹은 코코아케이크

내가 어릴 때부터 가족 생일마다 구워 먹는 케이크다. 바닐라 빈 버터크림의 달콤한 맛과 궁합이 완벽하다. 간혹 건조한 탓에 케이크 한 가운데가 갈라지는 경우가 있어서 레시피를 조금 바꿨다. 조사해보니 할머니의 레시피가 허쉬 초콜릿 케이크 레시피와 비슷하지만 몇 가지 중요한 부분에서 차이가 있었다. 할머니는 버터를 사용하셨는데, 허쉬는 식물성 기름을, 나는 EVOO를 사용한다. 또 할머니의 레시피에는 사워밀크가 들어가는데 허쉬는 일반 우유를 사용한다. 나는 할머니를 따라 사워밀크를 택했다.(아무래도 러시아인의 피가 흐르다 보니 신맛을 좋아한다). 나는 할머니나 허쉬보다 바닐라를 더 많이 넣는다. 또 한 가지 신경 쓸 점은 케이크가 팬에 들러붙지 않도록 하는 것이다. 반드시 팬에 미리 버터를 바르고 케이크가 완전히 식은 다음에 팬에서 분리해야 한다.
그동안 생일에 케이크를 먹지 않거나, 사다 먹었다면 이제부터 새로운 전통을 만들었으면 한다. 한 번만 시도해보면 앞으로는 매번 케이크를 굽게 될 것이다. 마지막으로 한 가지만 덧붙이자면, 전날 미리 구워서 프로스팅까지 한 다음 냉장고에 보관할 것을 강력 추천한다.

– 8~9인치 2단 케이크

– 재료
- 팬에 바를 버터
- 팬에 뿌릴 밀가루 2큰술
- 설탕 두 컵
- 밀가루 1¾컵
- 코코아 ¾컵
- 베이킹 파우더 2작은술
- 버터밀크 또는 사워밀크[01] 한 컵(나는 지방을 제거하지 않은 우유에 애플사이다 식초 2큰

---

01 사워밀크(sour milk): 산화우유. 우유에 레몬주스, 식초 등의 산을 첨가하거나, 발효시켜 만든다.
버터밀크(butter milk): 발효시킨 우유로 버터를 제조하고 나서 생기는 액체.

술을 넣어 5분 정도 놓아둔다.)
• 소금 1작은술
• 달걀 두 개
• 최고 품질의 EVOO 1큰술
• 끓는 물 한 컵

– 나만의 비법
• 유산지를 둥글게 자른다. 나는 케이크를 구울 원형 팬을 유산지 위에 놓고 뾰족한 과도로 팬을 따라 가볍게 그은 후 모양대로 뜯어내거나 가위로 자른다. 팬 안쪽의 옆면과 바닥에 버터를 골고루 바른다. 잘라 놓은 유산지를 팬에 놓고 유산지에도 버터를 바른다.
• 밀가루 1큰술을 팬에 뿌리고 바닥과 옆면을 두드리면서 팬을 흔들어 밀가루가 골고루 흩어지게 한다. 오븐에 넣기 쉽게 케이크 팬을 오븐용 팬에 올려놓고 굽는다.
• 설탕, 밀가루, 코코아, 베이킹파우더, 소금을 큰 볼에 한꺼번에 넣는다. 달걀, 사워밀크, 기름, 바닐라를 넣고 2분간 저으며 섞는다.
• 끓는 물을 섞는다. 묽어진 반죽을 준비한 케이크 팬에 붓는다.
• 180℃로 예열한 팬에서 25분간 구운 다음 오븐을 끈다. 그리고 꺼내지 말고, 10분간 오븐에 그대로 둔다. 케이크 가운데를 가볍게 눌러 다시 올라오거나 이쑤시개로 찔러도 이쑤시개에 아무것도 묻어나오지 않으면 완성된 것이다.
• 오븐에서 꺼내 완전히 식힌다. 팬에서 더 완벽하게 떼어내고 싶으면 식힌 케이크를 냉장고에 넣고 30분가량 더 식힌다.
• 팬을 가볍게 두드리거나 작업대 위에 떨어트려 케이크 바닥과 팬을 분리시키면 쉽게 떨어진다.

◆ 바닐라 빈 버터크림 프로스팅

– 2단 케이크용
나는 버터크림 프로스팅 만드는 법을 부모님께 배웠다. 재료가 딱 네 가지이고 만드는 법도 간단하지만 취향에 따라 농도를 조절할 수 있다. 레시피보다 우유를 약간 덜 넣으면 살짝 꾸덕꾸덕해지고 더 넣으면 묽어진다. 나는 컵케이크에는 너무 묽어지지 않도록 우유를 덜 넣고, 일반 케이크에는 얇게 바를 수 있도록 묽은 프로스팅을 준비한다. 두꺼운 프로스팅은 뻑뻑하므로 코팅할 때 빵 표면이 밀려올라올 수 있다. 프로스팅은 열에 민감하므로 쉽게 녹는다. 바로 먹을 것이 아니라면 미리 냉장고에 공간을 마련해둔다. 프로스팅 재료는 손으로 섞어도 되지만 핸드 블렌더나 스탠드 믹서를 이용하면 시간이 절약된다.

– 재료
• 미리 부드러운 상태로 녹인 버터 약 230g
• 분말 설탕 약 450~700g, 체에 친다.

직접 만든 2단 초콜릿 케이크.

• 지방을 제거하지 않은 우유(홀밀크) ¼에서 ½컵
• 바닐라 빈 ½개 분량의 씨만 긁어내고, 깍지는 따로 보관해둔다.

– 나만의 비법

• 스탠드 믹서 볼에 버터와 설탕 ½컵을 넣고 섞는다. 설탕이 총 두 컵 정도 들어갈 때까지 더 넣는다. 믹서가 돌아가는 상태에서 우유를 조금 붓는다. 볼의 가장자리에 묻은 재료를 밀어 넣는다.
• 설탕과 우유를 조금씩 첨가하면서 원하는 농도에 맞춘다.
• 바닐라 빈 씨를 골고루 섞는다.

◆ 달콤 쌉싸래한 초코시럽

– 재료

• 무가당 초콜릿 약 57g
• 버터 또는 코코넛 오일 2큰술

– 나만의 비법
• 중탕기나 전자렌지용 유리그릇에 초콜릿과 버터를 넣고 완전히 부드럽게 섞일 때까지 저으며 가열한다.

– 프로스팅하기
접시에 케이크 한 단을 올린다. 버터나이프나 스패튤라로 옆면과 위를 얇게 애벌 코팅한 후 윗면만 한 층 더 코팅한다. 나머지 케이크 한 단을 마저 올린다. 바닥에 붙은 유산지를 반드시 제거한 후 올린다! 위에 올린 케이크도 애벌 코팅 후 케이크 전체를 다시 한번 코팅한다. 손목 스냅을 이용해 물결 모양을 만들어 넣어도 좋다. 모양이 잡히도록 10분 정도 그대로 둔 다음 포크로 초콜릿 시럽을 뿌리고 옆면으로도 자연스럽게 흘러내리도록 한다. 잠시 놓아두었다가 먹어도 좋지만, 냉장고에 하룻밤 두었다 꺼내면 더 부드럽고 촉촉해진다.

06
놀라운 향신료, 바닐라의 발견

- 바닐라는 세계에서 두 번째로 귀한 향신료다. 그렇다면 가장 귀한 향신료는?
- 바닐라의 원산지는?
- 바닐라는 어떤 식물에서 나올까?
- 바닐라를 19세기 중반까지 원산지에서만 생산할 수 있었던 까닭은?
- 세계 최대의 바닐라 생산국은?
- recipe. 가장 놀라운 향신료 바닐라의 변신

바닐라는 놀라운 향신료이지만 바닐라에 대해 글을 쓰려니 왠지 지뢰밭을 걷는 듯 조심스럽다. 바닐라에 대한 연구 보고서들은 서로 모순되는 경우가 많고 실제 바닐라를 재배하는 사람들의 경험은 학술지에 실리는 연구 논문과는 차이가 있다. 왜 그럴까?

우선 생각할 수 있는 이유는 바닐라 재배가 여러 다른 환경에서 시도되었다는 점이다. 환경이 다르니 결과가 다른 것은 어쩔 수 없지만, 세계적으로 생산량이 너무 적다 보니 연구 결과가 모든 경우를 다 반영하지 못한다는 것이 문제다. 게다가 사실보다(터무니없기까지 한) 억측이 난무한다. 한편 바닐라의 가치를 방증하듯 가짜 바닐라가 대량으로 거래되고 있다. 미국을 비롯한 여러 나라의 소비자들은 '순수한 바닐라 익스트랙트'라는 말을 믿고 산 제품이 어떤 재료로 만들어졌는지 짐작조차 못할 것이다.

이 책 첫 장에서 다룬 것처럼, 스페인과 포르투갈 탐험가들은 향신료에 집착했다. 향신료는 유럽에서 매우 비싸게 거래되었고, 가벼워서 수송도 간편했다. 탐험가들은 특히 남인도, 실론, 스파이스 제도(몰루카 제도), 동인도 제도에서 자라는 정향, 메이스[01], 시나몬, 후추를 선호했다. 탐험가들은 이들 향신료를 구하기 위해 새로 발견한 아메리카 대륙은 물론 갈 수 있는 곳 어디든, 구석구석을 샅샅이 뒤졌지만 아시아 이외의 산지는 찾지 못했다. 위에 열거한 향신료 중 일부는 지금도 당연히 비싸지만, 그 외에 현재 세계에서 두 번째로 비싼 바닐라를 당시 스페인이 완전히 독점했었다. 스페인은 세계에서 가장 귀한 향신료인 사프란의 산지이기도 하다. 스페인산 중에도 라만차산 사프란의 품질이 세계 최고라고들 한다. 한편 스페인은 초콜릿의 거래도 독점했다. 향신료는 아니지만, 향을 내기도 하고 그냥 먹기도 하는 작물이다. 스페인 탐험가들은 있지도 않은 향신료를 찾겠다며 아메리카 대륙을 휘젓고 다니는 통에 원주민들에게는 크게 민폐를 끼치긴 했지만, 사프란, 바닐라, 초콜릿 시장을 모두 독점할 수 있었다.

바닐라도 향신료일까? 그렇다. 혹자는 바닐라야말로 완벽한 향신료라고 말한다. 바닐라를 만나면 설탕과 알코올은 서로의 장점을 끌어내는 완벽한 짝이 된다. 이 책에서 레시피를 담당하고 있는 셰프 트레이시의 가게에서 파는 바닐라 레몬에이드는 이제껏 내가 마셔본 것 중에 최

01 육두구 껍질. 향신료로 사용하는 육두구(nutmeg)는 육두구나무 열매의 씨앗이고, 메이스는 그 씨앗을 싸고 있는 붉은 껍질 부분이다.

바닐라 꽃. 열매와 씨앗이 각종 요리, 화장품, 향수에 사용된다.

고다. 바닐라 향은 안 나지만 시트러스 향과 설탕의 조화가 뛰어나다. 좋은 바닐라는 귀하고 비싸기 때문에 바닐라를 향신료로 활용하는 방법은 개발의 여지가 무궁무진하다. 나는 바닐라를 여러 가지 주류에 첨가해보곤 한다. 물론 이미 '바닐라 향' 알코올음료는 여러 종류가 시판되고 있지만, 내가 원하는 것은 바닐라 향 음료가 아니라, 바닐라가 향신료로서 제 몫을 하는 음료를 개발하는 것이다.

바닐라의 원산지는 멕시코, 종명은 플라니폴리아(planifolia)다. 바닐라 빈에 대해서는 대부분 들어보았을 테고, 직접 보거나 사용해본 사람도 있을 것이다. 빈(bean)이라는 이름 때문에 밭에 심는 콩의 일종이라고 생각할지도 모른다. 사실 플라니폴리아는 난(蘭, orchid)의 일종이며, 난 중에서 유일한 식용 식물이다. 바닐라는 덩굴성 식물로 나무줄기를 타고 오르거나 온실에 지지대를 설치해 키우기도 한다.

바닐라 농장을 둘러보고 있는 저자 개리 풀러.

한 가지 주의할 점은 멕시코를 여행하다 보면 유람선이나 국경 부근에서 바닐라를 판매하는 경우가 많은데 그런 바닐라는 가능하면 사지 않는 것이 좋다. 물론 멕시코는 질 좋은 바닐라의 산지이지만, 길거리 상인들에게서 좋은 바닐라를 기대하기는 어렵고, 심지어 바닐라가 아니라 바닐라 비슷한 향이 나는 씨앗으로 만든 가짜일 수도 있기 때문이다. 주의하지 않으면 제값을 주고도 질이 낮은 제품이나 아예 가짜 제품을 살 수 있다.

1841년경 까지 바닐라는 멕시코에서만 재배할 수 있었다. 멕시코 토종 꿀벌이 있는 곳에서만 수분이 가능했기 때문이다. 아마 인도양 제도의 프랑스 농장주들이 사람 손으로 수분(受粉)하는 방법을 처음 발견했던 것 같다. 인공수분은 고도의 기술을 요하는 매우 섬세한 작업이다. 하지만 진짜 문제는 바닐라 꽃이 단 몇 시간 동안만 피었다가 진다는 점이었다. 그러므로 수분이 정확한 순간에 일어나야 하고 수분 양도 제한해야 한다. 바닐라 빈은 경우에 따라 파운드당 200달러가 넘게 거래되기도 해서 업자들 입장에서는 가능하면 모든 꽃을 인공수분 시키고 싶겠지만, 그랬다가는 과도한 스트레스로 바닐라 난이 죽어버릴 수도 있기에 조심해야 한다. 나는 혹시 멕시코 토종 꿀벌을 밀수하려는 시도는 없었을까 궁금했다. 꿀벌만 가지고 나온다면 인건비는 확실히 줄일 수 있을 테니 말이다.

그렇다면 타히티 바닐라는 어떨까? 식당에서는 종종 손님들에게 타히티 바닐라가 든 아이스크림이나 다른 디저트 종류를 권하곤 하는데 확실히 구미가 당긴다. 사실 프랑스령 폴리네시아에서 재배되는 바닐라는 플라니폴리아와 다른 종의 교배종인 듯하다. 과연 쓸 만할까? 대학교수들은 허세가 심한 사람들이라 어려운 라틴어 표현을 좋아하고, 학생들은 알아듣지 못하니 반박할 수가 없다. 나도 그럴듯한 라틴어 문구가 생각나서 한번 써보려고 한다. 타히티 바닐라에 대한 평가는 "데 구스티부스 논 에스트 디스푸탄둠(de gustibus non est disputandum)." 대충 옮기자면, "각자 취향의 문제다."라는 뜻이다.

세계적으로 품질을 인정받는 바닐라로는 마다가스카르, 그리고 코모로와 모리셔스에서 생산되는 '부르봉(Bourbon)' 바닐라가 있다. 부르봉 바닐라 익스트랙트는 미국에서 여러 가지 이름으로 널리 시판되고 있다. 하지만 유감스럽게도 부르봉 바닐라 빈은 익스트랙트만큼 좋다고 권할 수가 없다. 익스트랙트를 만드는 데 이미 사용된 빈을 판매하는 경우가 종종 있는 것 같고, 그래서인지 향이 약하다. 바닐라의 최대 생산국이 어디인지는 확실하지 않다. 20세기에는 마다가스카르가 최고였지만 이후 마다가스카르의 바닐라 시장 점유율이 눈에 띄게 떨어졌다. 대부분의 언론에서는 인도양의 사이클론을 원인으로 꼽았다. 순전히 내 생각이지만, 마다가스카르의 바닐라 생산이 감소한 시기는 코카콜라가 뉴 코크라는 실패작을 출시한 시기와 비슷하다. 코카콜라는 한때 설탕뿐 아니라 바닐라의 최대 소비기업이었을 것으로 추측된다. 혹시 뉴 코크에 바닐라가 안 들어갔거나 혹은 기존 제품보다 덜 들어갔던 것은 아닐까? 코카콜라 제조법이 숨겨져 있다는 애틀랜타 저장소에 직접 들어가보지 않고서는 확인할 길이 없다. 최근 마다가스카르는 바닐라 최대 생산국으로서의 지위를 되찾은 것 같지만, 인도네시아의 맹렬한 추격을 받고 있다.

내 부모님이 경영하시던 뉴욕 애디론댁 산맥의 호텔 앞에 가판대를 세우고 프로즌 커스터드를 파는 아저씨가 있었다. 그 사람이 누군지, 누구 허락을 받고 그 땅에서 장사를 하는지 아무도 몰랐다. 아저씨 혼자 가게도 운영하고 판매도 했다. 매일 아침 일찍 우유 통에 커스터드와 소프트 아이스크림 믹스를 가득 채워 와서 기계에 넣고 돌리면 프로즌 커스터드가 나왔다. 당시는 아이스크림 콘 하나에 5센트를 내야 하던 시절이었는데 그 아저씨는 프로즌 커스터드 하나에 무려 25센트나 받았다! 게다가 다른 가게에서는 커스터드를 콘 안에 돌돌 말아서 넣어주거나 (바르셀로나에 있는 가우디의 건축물처럼) 높이 쌓아올려 주곤 했는데, 아저씨는 그냥 콘 안에 커스터드를 대충 눌러 담아줄 뿐이었다. 매번 모양도 달랐다. 그런데도 그 가게는 늘 손님으로 가득했다. 내 친구들과 내가 어쩌다(아주 드문 일이었지만) 25센트가 생겨서 한번 먹어볼 기회가 있었는데, 그렇게 맛있는 소프트 아이스크림은 처음이었다.

수년 후, 아주 우연히 그 25센트짜리 프로즌 커스터드의 비밀을 알게 되었다. 백만 불짜리 돈벌이 기회를 이렇게 날려버리는 게 좀 아쉽긴 하지만 여기서 시원하게 비밀을 공개하겠다. 아저씨가 우유와 크림 믹스를 받아오는 공장에서는 타피오카 푸딩도 만들었는데 어느 날 믹스에 넣을 바닐라 익스트랙트가 동이 나자 타피오카를 끓일 때 생기는, 바닐라가 아주 진하게 우러난 액체를 믹스에 대신 넣은 것이다. 그리고 그 결과는 말했다시피 성공이었다. 보통은 푸딩의 모양을 망치지 않으려고 버리던 액체를 그때부터는 커스터드 믹스에 첨가하기 시작했다. 처음에 타피오카와 반응한 바닐라가 우유 및 크림과 반응해 깊은 바닐라 향이 살아났던 것이다. 법대로 하면 문제가 될 수도 있겠지만, 마케팅 측면에서는 확실히 성공한 셈이다.

가장 놀라운 향신료 바닐라의 변신

"바닐라는 평범하지(plain) 않다. … 사실 바닐라는 로맨틱하다." _짐 레데큡, 하와이안 바닐라 컴퍼니 소유주

◆ 나만의 바닐라 익스트랙트

바닐라는 잘 알려지지 않은, 신비로운 식재료다. 그래서 우리가 카피올라니 농산물 시장에서 처음 판매를 시작했을 때 사람들은 바닐라에 대해 잘 몰랐다. 결국 우리는 판매대에 찾아오는 사람들을 하나하나 붙잡고 교육을 시켜야 했다. 당시는 2000년대 초였고 지금처럼 인터넷이 생활화되지 않았던 터라 바닐라에 대한 우리의 지식도 대부분 여기저기 다니면서 바닐라를 실제로 키우는 사람들에게서 직접 얻은 것이었다. 처음 만든 홍보책자의 첫머리는 질문으로 시작했다. "바닐라가 난의 일종이라는 사실을 알고 계셨나요?" 이 질문은 사람들의 흥미를 유발했고, 더 많은 질문으로 이어졌다. 그래서 우리는 지금도 농장에서 교육 프로그램들을 운영하고 있다. 내가 가진 지식을 사람들과 나누는 것은 좋은 일이다.
우리는 매일 사람들에게 자신만의 홈 메이드 바닐라 익스트랙트를 만드는 법을 가르친다. 절대로 망칠 걱정이 없는 레시피를 사람들에게 알려주는 일도 정말 기분 좋다. 실패하려야 실패할 수가 없는 레시피이기 때문에 마음껏 모험을 해도 좋다! 그냥 아무 술이나 고른 다음, 바닐라 껍질을 터뜨리고 안에 있는 씨를 술과 함께 병에 넣으면 끝이다. 예쁜 병이건, 오래된 병이건, 다 쓴 올리브 단지건 아무거나 상관없다. 때때로 병을 흔들어주면서 몇 달 묵히면 나만의 요리용 바닐라 익스트랙트가 완성된다.

– 약 350g들이 한 병 분량(6개월 정도 걸린다는 점을 감안하여 사용 계획을 세운다.)

– 재료
• 바닐라 빈 세 개
• 마음에 드는 술 350g들이 한 병. 나는 베이킹용으로 럼을, 요리용으로 위스키를 쓴다.

– 나만의 비법
• 바닐라 빈 꼬투리를 위에서 아래로 길게 터뜨리고 안에 든 씨를 긁어낸다. 칼 뒷면을 사용해 깍지 안쪽의 딱딱한 부분이 함께 긁혀 나오지 않도록 주의한다. 익스트랙트를 담글 병에 바닐라 씨가 묻은 칼을 넣고 병 입구에 대고 훑어주면 씨가 떨어진다. 바닐라 씨는 기름지고 끈적끈적하므로 가급적 손에 닿지 않도록 한다. 한번 붙으면 하루 종일 잘 떨어지지 않기 때문이다. 빈 깍지도 함께 병에 넣는다.

• 골라둔 술을 병에 붓는다. 마개를 꼭 닫고 씨가 골고루 흩어지도록 가볍게 흔든다. 직사광선을 피해 서늘한 곳에 보관한다. 스물네 시간 내에 바닐라 향이 우러나므로 그대로 음료에 섞어 마셔도 된다. 요리에 사용하려면 6개월간 담가두고, 며칠에 한 번씩, 또는 생각날 때마다 가볍게 흔들어준다. 무언가를 창조한다는 마음으로 정성을 쏟아보자. 액체가 탁해지고 짙은 갈색으로 변하면 요리용이나 베이킹용으로 사용이 가능하다.
• 익스트랙트를 계속 사용하려면, 3분의 1가량 쓰고 나서 술을 다시 채워준다. 얼마나 사용하느냐에 따라 다르지만, 바닐라 빈도 매년 하나씩 새로 넣어준다.

◆ 프로즌 바닐라 커스터드

– 약 1.5리터 분량

– 재료
• 홀밀크 2½컵
• 소금 ½작은술
• 설탕 ⅔컵
• 달걀 노른자 여섯 개
• 바닐라 익스트랙트 1큰술
• 타피오카 가루 2큰술
• 헤비 크림(유지방 함유량이 36~40%로 높은 휘핑크림) ⅔컵
• 핸드 블랜더 또는 스탠드 믹서, 아이스크림 메이커

– 나만의 비법
• 바닥이 두꺼운 중간 크기 소스팬에 우유와 소금을 넣는다. 끓어오르려고 하면 불을 끄고 다음 단계에서 사용하도록 식힌다.
• 거품기를 끼운 핸드 블랜더 또는 스탠드 믹서로 설탕, 달걀노른자, 타피오카 가루를 섞는다. 걸쭉하고 부드러운 반죽이 블랜더 아래로 리본처럼 늘어질 때까지 섞는다. 블랜더의 속도를 최저로 늦춘 상태에서 식혀둔 우유를 조금씩 첨가한다. 블랜더의 속도를 중간 단계로 높이고 재료 전체를 다시 섞는다. 섞은 재료를 팬에 붓고 중불에서 가열한다. 쉬지 않고 저어주면서 상태를 살피다가 필요하면 바로 불을 낮춘다.
• 스푼 뒷면에 커스터드가 두껍게 붙을 때까지 가열한다. 너무 오래 가열하면 재료가 엉기므로 주의한다. 혹시라도 엉기면 고운체로 큰 덩어리들을 걸러낸다. 얼음이 담긴 큰 그릇에 묻어놓은 볼(볼 내부에 물기가 들어가지 않도록 한다)에 커스터드를 긁어 담고 저으면서 식힌다.
• 유산지 한 장을 커스터드 위에 눌러 덮은 후 냉장고에 넣어 속까지 완전히 식힌다.
• 또 다른 차가운 볼에 크림을 담고 가운데가 뾰족하게 솟을 때까지 휘젓는다. 식힌 커스터드에서 유산지를 걷어내고 유산지에 붙은 커스터드까지 스패튤라로 긁어 담은 후 저어둔 크림을 부드럽게 섞는다.

• 아이스크림 메이커에 붓고 기계 설명서에 따라 제조한 후 냉동실에 보관한다.

◆ 캐러멜을 곁들인 클래식 바닐라 빈 플랜[01]

– 여덟 개 분량

– 재료

• 설탕 1½컵(캐러멜용 ¾컵, 플랜용 ¾컵)
• 물 ⅓컵
• 홀밀크 1½컵
• 헤비 크림 한 컵
• 바닐라 빈 ½개, 씨는 헤비 크림에 바로 긁어 넣고 깍지는 두었다 다음에 쓴다.
• 달걀 다섯 개, 가볍게 풀어놓는다.
• 코셔 소금 ½작은술(또는 바닐라 솔트)

– 나만의 비법

– 캐러멜
• 크기가 작고 바닥이 두꺼운 냄비를 약불에 올려 설탕 ¾컵과 물 ⅓컵을 섞는다.
• 센 불에 한 번 끓인다. 젓지 말고 때때로 냄비를 원을 그리듯 흔들어준다.
• 제빵용 실리콘 브러시를 물에 담갔다 꺼낸 후 냄비 옆면에 붙은 설탕 결정들을 쓸어내린다. 캐러멜이 불그스름한 황금빛을 띠면 불에서 내린다.
• 가열하는 동안 내내 지켜보지 않으면 순식간에 딱딱하게 굳어버리므로 불 조절에 주의한다.
• 여덟 개의 커스터드 컵에 캐러멜을 재빨리 나누어 담고, 컵을 흔들어 캐러멜이 옆면과 바닥을 골고루 덮도록 한다.

– 플랜
• 오븐을 160℃로 예열한다. 캐러멜이 코팅된 커스터드 컵에 소금을 약간씩 뿌린다.
• 바닥이 두꺼운 중간 크기 냄비를 중간 불에 올리고 우유, 크림, 바닐라 씨, 남은 설탕을 섞은 후 설탕이 녹을 때가지 저어준다. 불을 최대한 낮춘다.
• 거품을 낸 달걀을 천천히 부으며 계속 저어준다. 소금을 넣고 젓는다. 불에서 내린 후 고운체에 걸러 커스터드 컵에 나누어 담는다. 작게 덩어리진 달걀은 걸러낸다.
• 커스터드 컵을 베이킹 팬에 올린다. 큰 물병 또는 주전자에 뜨거운 물을 가득 담아 오븐 가

---

01 부드러운 캐러멜 토핑을 얹은 달콤한 커스터드. 크렘 카라멜(creme caramel), 캐러멜 푸딩이라고도 한다. 미국, 프랑스, 스페인, 라틴 아메리카에서 플랜은 달콤한 커스터드 디저트를 의미하지만 영국에서 플랜은 페이스트리에 커스터드, 채소, 치즈, 고기 등 다양한 재료를 얹은 파이를 의미한다.

까이 둔다. 커스터드 컵이 담긴 베이킹 팬을 오븐에 넣고 물병에 담긴 뜨거운 물을 커스터드 컵 중간 높이까지 차오르도록 베이킹 팬에 붓는다.

• 가운데 부분이 흔들리지 않을 때까지 45분가량 굽는다. 커스터드 컵을 조심스럽게 팬에서 건져 낸 후 30분 정도 식힌다. 따뜻하게, 또는 최소 네 시간 이상 식힌 후 낸다.

• 버터나이프로 컵 안쪽 옆면을 한 번 훑은 후 모양이 흐트러지지 않도록 주의하며 컵을 서빙용 접시 위에 뒤집어 내용물이 빠져 나오도록 한다. 캐러멜이 자연스럽게 옆면으로 흘러내리도록 한다. 맛있게 먹는다!

커스터드 컵에 뜨거운 캐러멜을 붓고 있다.

07

미시시피 강에 흐르는 역사

- 1756년, 유럽의 주요 세력들 대부분이 참여했던 대규모 전쟁은?
- 미시시피 강 동쪽에 만들어진 미국 최초의 국립공원은?
- '케이준'이라는 말의 유래는?
- 루이지애나를 발견하고 프랑스 영토로 선언한 사람은?
- 카운티가 없는 유일한 주는?
- recipe. 프랑스 식민지의 중심지로 번영했던 미국 뉴올리언스의 전통 요리

프랑스의 역사는 알다가도 모르겠다. 왜 교각 건설에 세계적인 기술을 보유한 프랑스가 파나마 운하 건설에는 실패했을까?[01] 왜 프랑스군은 러시아에서 죽을 고생을 하고서 또 나폴레옹을 따랐다가 워털루에서 참패를 당했을까? 북아메리카에서 프랑스가 차지했던 그 넓은 땅은 다 어떻게 됐을까? 등등 모두 의문투성이다. 또 퀘벡 시 안에서 절대적인 우위를 점했던 몽칼므[02]는 왜 굳이 에이브러햄 평원까지 나갔다가 영국군에 패했을까? 내가 궁금해 하건 말건, 북아메리카에는 여전히 프랑스

---

01 파나마 지협을 가로질러 대서양과 태평양을 잇는 인공 수로. 수에즈 운하 건설에 성공해 막대한 이익을 거둔 경험이 있는 프랑스가 1881년 공사에 착수했으나, 남미의 지형과 기후(열대 우림, 우기)에 대한 사전 조사와 준비 부족, 황열병과 말라리아로 인한 사망자 증가로 1884년 공사를 중단했다. 13년간의 공사에 약 3억 달러가 소요되고, 약 2만 2,000명가량이 사망했다. 파나마 운하는 이후 1914년 미국에 의해 완성되었다.

02 1712~1759년. 프랑스의 귀족, 군인. 7년 전쟁의 북아메리카 전선에서 프랑스군을 이끈 사령관.

의 문화가 남아 있고 프랑스 요리는 독보적인 지위를 누리고 있다.

옛날 지도 제작자들은 북아메리카의 지도를 그릴 때 버지니아와 영국의 첫 식민지인 뉴펀들랜드를 표시한 후 나머지 지역은 모두 '아카디아(Acadia)'라고 칭했다. 시간이 지나면서 '플리머스', '메사추세츠' 같은 새로운 이름들이 지도에 등장했고 아카디아는 캐나다의 마리타임즈[03] 지역을 비롯한 극히 일부 지역을 가리키게 되었다. 일부 역사학자들에 따르면, 아카디아에 최초로 정착한 유럽인들은 프랑스인들이었고 대부분 프랑스 도시 출신이었다. 초기 정착민들은 아카디언이라고 불리며 뉴프랑스(퀘벡)에 정착한 프랑스인들과 구별되었다.

TIP

아메리고 베스푸치가 처음 지은 이름은 'r'이 들어가는 아카디아(Acardia)였지만, 이후 북아메리카 지도에서 'r'이 빠진 아카디아(Acadia)로 표기하기 시작했다. 아이러니하게도 아카디아 국립공원을 베스푸치가 명명한 아카디아(Acardia)라고 부르는 것을 심심찮게 들을 수 있다.

1710년 아카디아를 점령한 영국군은 아카디언들에게 영국 국왕에 대한 충성 서약을 하라고 요구했다. 아카디언들은 정착 초기부터 지역 원주민들과 매우 우호적인 관계를 맺고 있었고, 원주민의 다수를 차지했던 부족(미크마크 인)은 영국인들에게 적대적이었기 때문에 원주민들과의 관계 악화를 우려해 충성 서약을 거부했다. 그럼에도 불구하고 아카디언들은 이곳에서 이후 45년간 큰 탈 없이 살 수 있었다.

03 캐나다 남동부의 세 개 주(뉴브런즈윅, 노바스코샤, 프린스 에드워드 섬)을 이르는 말.

최초의 세계대전이라고도 할 수 있는 7년 전쟁[04] 기간에 북아메리카에서는 소위 프랑스-인디언 전쟁으로 불리는 영국과 프랑스의 식민지 쟁탈 전쟁이 벌어졌다. 아카디언들은 퀘백에 주둔한 프랑스군을 도왔고 영국군은 이를 빌미로 아카디언들을 쫓아내면 마리타임 지역으로부터 위협요소를 제거할 수 있다고 여겼다. 그때 1만 1,000명이 넘는 아카디언들이 쫓겨났는데, 노바스코샤 출신이 대부분이었고, 모두 1755년에서 1762년 사이에 추방되었다.

미시시피 강 동쪽에 미국 최초로 조성된 국립공원은 처음에 '마운트 데저트'였다가 '아카디아 국립공원'으로 이름을 바꾸었다. 공원이 있는 곳이 바로 과거 '아카디아'로 알려진 지역과 거의 일치하기 때문이다. 아카디아에서 쫓겨난 사람들 중 일부는 프랑스로 갔고, 일부는 남쪽으로 이동해 영국 식민지(나중에 미국)에 정착했고, 또 다른 일부는 다시 아카디아, 특히 뉴브런즈윅으로 되돌아갔다. 당시 루이지애나 지역을 차지하고 있던 스페인인들은 아카디아에서 이동해온 이들을 기꺼이 받아들였다. 아카디언들이 스페인인들처럼 독실한 가톨릭교도들이었다는 점도 중요한 이유였다.

시간이 흐르면서 루이지애나에 정착한 아카디언들을 '케이준'이라고 부르게 되었다. 케이준의 전통, 음악, 요리 등은 캐나다 마리타임즈 지역 문화의 흔적을 어렴풋이 갖고 있긴 하지만 오늘날의 케이준 문화는 루이지애나 크리올 문화[05]라는 큰 그림의 일부로 보는 편이 더 타당하다.

---

04 1754년/1756~1763년. 영국과 프로이센을 견제하기 위해 오랜 적대 관계에 있던 오스트리아와 프랑스가 동맹을 맺으면서 촉발된 전쟁. 여기에 러시아, 스웨덴, 독일 제후국이 개입하면서 오트만 제국을 제외한 유럽 열강이 모두 개입했고 5개 대륙에서 전투가 벌어졌다. 북아메리카에서 영국과 프랑스 간의 식민지 쟁탈 전쟁이 시작된 1754년을 7년 전쟁의 시작으로 보기도 한다.

05 식민지 시대 프랑스와 스페인의 영향을 받은 유럽인들의 후손, 그들의 언어와 문화를 말한다.

1820년이 되어서야 미시시피 강의 발원지가 아이태스카 호라는 사실이 알려졌다.

스페인인들보다 먼저 루이지애나에 도착한 것은 르네-로베르 카블리에 드 라살(1643~1687년)이 이끈 프랑스 탐험대였다. 라살은 북아메리카 초기 탐험가들 가운데 가장 중요한 인물인지도 모른다. 그는 오대호 지역에 모피 무역이 성행하는 데 결정적인 역할을 했다. 라살은 오하이오 강을 따라가다가 미시시피까지 도달했고, 미시시피 강 수계의 영향을 받는 지역 전체에 대한 프랑스의 영유권을 주장했는데 이 광대한 땅은 이후 루이지애나 매입[06]으로 미국의 영토가 되었다.

미시시피 강(그리고 몇몇 지류)이 어디서부터 시작되는지 알아내는 데 실패함으로써 라살의 영토권 주장은 유명무실해졌다. 하지만 라살이 실패한 진짜 요인은 강이 끝나는 지점을 찾지 못했기 때문이었다. 그는 일단 프랑스로 돌아간 다음 네 척의 배에 식민지에 정착할 300명의 이주민들을 싣고 돌아왔다. 강 유역을 따라 프랑스 식민지를 건설하겠다는 계획이었지만, 바다에서 강으로 진입하는 입구를 찾지 못했다. 배는 부서지고 해적들의 공격까지 가세해 라살 일행은 위기에 처했다. 생존자들은 텍사스에 착륙했고, 여전히 강을 찾아 동쪽으로 걸어서 이동했다. 결국 그들은 반란을 일으켰고, 라살은 미시시피 가까이에도 가지 못하고 살해당했다.

루이지애나 매입 영토의 일부가 1812년 루이지애나 주가 되었다. 루이지애나 매입 협정으로 사들인 땅 가운데 주로 편입되지 않은 지역은 새로운 이름이 필요했다. '루이지애나 주'가 생겼으니 계속해서 '루이지애나 매입 영토'라는 이름을 사용할 수도 없는 노릇이었다. 그 결과 지

---

06 1803년 미국이 재정난에 시달리던 나폴레옹 통치하의 프랑스로부터 루이지애나 일대(지금의 15개 주에 걸친 지역) 214만 제곱미터의 땅을 1,500만 달러에 사들인 협정.

TIP

미네소타 주, 아이태스카 호수가 미시시피 강의 발원지로 알려진 것은 한참 뒤인 1820년이다.

TIP

라살이 프랑스의 소유권을 주장했던 땅이 미시시피 수계에 해당하므로 여기에는 미시시피의 지류인 미주리 강도 포함되어 있었다. 제퍼슨 대통령은 루이스와 클라크[07]에게 미주리 강의 원류, 또는 발원지를 찾으라고 명했다. 이것은 매우 어려운 임무였고, 짐작컨대 두 사람이 이룩한 수많은 발견과 콜롬비아 강을 따라 태평양까지 이어지는 경로를 탐험한 성과에 비하면 막중한 임무가 아니었다. 루이스와 클라크는 미주리 강의 발원지를 찾았다고 생각했지만 사실은 그렇지 못했음이 거의 확실하다. 미주리 강의 발원지에 대해서는 아직도 이견이 많지만 내 생각에는 몬태나 주 어디쯤인 것 같다.

금의 오리건 주까지 이어지는 넓은 땅은 미주리라는 새로운 이름을 얻게 되었고, 결국 그 땅도 여러 개의 구역으로 분할되어 지금의 주들로 재편되었다.

루이지애나는 카운티라는 행정 단위를 사용하지 않는 유일한 주다. 대신 '패리시'라는 단위를 사용하는데 행정구역으로서의 역할은 카운티와 완전히 동일하다. 가톨릭의 교구를 뜻하는 패리시라는 명칭이 한때 루이지애나를 지배했던 스페인과 프랑스의 영향에 기인한 것이라는 해석이 꽤나 그럴듯하게(그리고 아마도 타당하게) 들린다. 하지만 과거 영국의

07 1804~1806년. 메리웨더 루이스(Meriwether Lewis, 1774~1809년)와 윌리엄 클라크(William Clark)가 1804년부터 1806년까지 현재 미국의 세인트루이스 인근에서 태평양에 이르는 서부 지역을 최초로 횡단한 탐험. 미국의 3대 대통령 토머스 제퍼슨이 루이지애나 매입 후 새로 편입한 영토를 탐사하기 위한 목적으로 군인들 가운데 지원자를 뽑아 탐험대를 결성했다.

식민지였던 바베이도스의 행정단위 역시 패리시라는 점도 간과해서는 안 될 것이다.

프랑스 식민지의 중심지로 번영했던 미국 뉴올리언스의 전통 요리

"부유해지고 싶다면, 짧지만 즐겁게 사는 것이 소원이라면, 그런 사람들에게 주저 없이 뉴올리언스를 권한다." _헨리 브래드쇼 피어런

◆ 베녜[01]와 향신료를 가미한 치커리 초콜릿 디핑 소스

뉴올리언스는 전통의 향기가 물씬 풍기는 곳이다. 운 좋게도 나에게는 폴과 스테퍼니라는 좋은 친구이자 이웃이 있다. 두 사람은 툴레인 대학 시절 뉴올리언스에 살았다. 뉴올리언스의 문화에서 근사한 음식은 빼놓을 수 없는 요소이고 두 사람은 우리 가족을 초대해 검보[02]와 잠발라야[03]를 만들어주고, 킹 케이크를 맛보게 해주고, 베녜도 대접했다. 베녜는 일요일 브런치에도, 오후 간식에도, 디저트에도 어울리는 음식이다. 살짝 식혀서 바로 먹으면 가장 맛있다.

– 재료

- 물 한 컵
- 버터 8큰술, 작은 조각으로 잘라둔다.
- 설탕 2큰술
- 소금 1작은술
- 중력분 한 컵
- 달걀 네 개
- 바닐라 익스트랙트 1큰술
- EVOO 또는 식물성 식용유
- 스프링클용 가루 설탕

– 나만의 비법

- 물, 버터, 설탕, 소금을 강한 불에서 팔팔 끓인다. 불을 약하게 줄이고 밀가루를 한꺼번에 넣는다. 나무 스푼으로 계속 저어주면서 재료의 수분이 증발하고 표면이 반질반질해질 때까지

---

01 슈 페이스트리 반죽이나 이스트를 넣은 반죽을 튀긴 후 설탕을 살짝 뿌려 먹는 요리. 도넛과 비슷하나 도넛과 달리 네모난 모양이고 가운데 구멍이 없다.

02 진한 향의 국물에 고기나 어패류, 야채를 넣고 끓인 수프 또는 스튜.

03 고기, 생선, 야채를 쌀과 함께 볶은 후 육수를 부어 끓인 요리.

설탕을 가득 뿌린 베녜.

약 3~4분 동안 가열한다.

- 불에서 내려 스탠드 믹서 볼에 붓는다. 달걀을 한 번에 하나씩 넣는다. 먼저 넣은 달걀을 휘저어 재료와 완전히 섞이면 다음 달걀을 넣는다. 반죽이 리본처럼 길게 늘어나야 한다.
- 바닥이 두꺼운 커다란 냄비에 기름을 넣고 180℃로 가열한다. 밥숟가락으로 반죽을 떠서 기름에 튀긴다. 한 번에 대여섯 개씩 골고루 노릇해지도록 뒤집어가며 튀긴다. 금속 집게나 나무 스푼으로 건져 종이타월이 깔린 팬에 놓는다. 요리하는 동안 먼저 튀긴 베녜가 식지 않도록 예열한 오븐에 넣어두어도 좋다.
- 남은 반죽은 밀폐용기에 담아 냉장실에서 3일, 냉동실에서 6주간 보관할 수 있다.
- 고운체에 친 가루 설탕을 따뜻한 베녜에 뿌린다. 향신료를 가미한 치커리 초콜릿 딥 소스와 낸다. 맛있게 먹는다!

◆ 향신료를 가미한 치커리 초콜릿 디핑 소스

– 재료

- 카카오 함량 60%의 다크 초콜릿 약 170g
- 헤비 크림 ¾컵
- 치커리 파우더 ½작은술(치커리가 없으면 에스프레소 파우더 또는 인스턴트 커피 가루에

끓는 물 1작은술을 섞는다)
• 바닐라 익스트랙트 1작은술
• 시나몬 ¼작은술

- 나만의 비법
• 작은 크기의 바닥이 두꺼운 냄비를 중불에 올리고 크림을 끓어오르기 직전까지 가열한다.
• 나머지 재료를 넣고 불을 끈 후 초콜릿이 모두 녹을 때까지 젓는다.
• 여럿이 함께 먹을 수 있는 소스 그릇에 한꺼번에 담거나 에스프레소 컵 여러 개에 1인분씩 담아낸다.

08
어느 러시아 황제의 탐험 정신

- 네덜란드 조선소에서 일했던 러시아 황제는?
- 러시아를 횡단하고, 태평양 해안에서 배를 만들고, 탐험 후 다시 같은 경로로 되돌아 온 덴마크인은?
- 러시아 영토였던 시절 알래스카의 첫 수도는?
- 미국의 국무장관 윌리엄 수어드가 러시아와 알래스카 매각협상을 할 당시의 미국 대통령은 어느 주 출신이었을까?
- 러시아인들이 미국으로 가장 많이 이주한 시기는?
- recipe. 미국에 남은 러시아인들이 즐겨먹었을 법한 야채수프

지리적으로 제국이 형성되는 과정을 크게 두 가지로 구분할 수 있다. 로마/영국식과 미국/러시아식이다. 로마와 영국은 주로 해외 식민지 확대를 통해 제국으로 발전했다. 하지만 식민지는 본토와 차별 대우를 받았고, 이는 미국의 독립 혁명이 일어난 가장 근본적인 원인 중 하나였다. 반면 미국과 러시아는 기존의 영토를 기준으로 하여 주변으로 넓혀 가면서 나라를 키웠다. 미국인들은 서쪽으로, 러시아인들은 동쪽과 남쪽으로 조금씩 땅을 불려갔다. 토머스 제퍼슨은 북서부 법령[01]을 통해

01 독립전쟁승리 후 각 지역 대표들이 모여 결성한 미국 연방의회(Confederation Congress)가 1878년에 통

러시아 상트페테르부르크의 피의 구세주 성당.

미국식 영토 확장의 본보기를 보여주고 루이지애나 매입으로 이를 더욱 공고히 했다. 즉, 우리는 본토보다 열등한 지위의 식민지를 늘리려는 것이 아니라 나라를 크게 키우려는 것임을 확실히 인식시킨 셈이다.

러시아의 표트르 대제가 대제라고 불리게 된 데에는 그만한 이유가 있다. 러시아는 표트르 대제 시대에 제국으로 성장했다. 그는 러시아를 서구화했고, 풍습, 정치, 경제 등 다방면에 변화를 주도했다. 그는 러시아의 영토를 동서 양방향으로 확장했고 변변한 항구도 없던 시절에 해군 양성을 꿈꾸었다. 그는 서유럽을 여행하면서 많은 것을 배웠는데 가령 맨체스터에서는 도시 건설을, 몰타에서는 해군 양성을 배우고 돌아

과시킨 법령. 북서지역을 미국 최초의 정식 영토로 확립했다.

와 상트페테르부르크를 건설했다. 러시아의 차르라면 세계에서 가장 전제적인 군주라는 이미지가 강하지만 표트르 대제는 네덜란드 조선소에서 노동자로 일하기도 했다.

표트르 대제의 재위 기간인 17세기는 네덜란드의 전성기였다. 네덜란드는 동인도 제도와의 무역은 물론 북아메리카 모피 무역의 상당 부분을 독점했고, 당시 러시아 경제는 모피 무역에 의존하고 있었다. 표트르 대제의 네덜란드 여행과 그곳에서 얻은 지식은 러시아에게는 더없이 귀중한 자산이었다.

TIP

표트르 대제가 암스테르담을 방문했을 때 네덜란드는 영국마저 능가하는 세계 최대의 조선국이었다. 표트르 대제가 러시아에 가져온 것들 중에는 네덜란드가 발명한 소방 호스도 있었다.

지리학자들에게는 탐험가 본능이 있다. 지리학이라는 학문이 본래 수평선 바로 너머 혹은 다음 모퉁이 너머에 무엇이 있는지를 알고 싶어 하는 강한 욕구에서 비롯되었기 때문이다. 어떤 이들은 탐험가들의 모험담에 매료되어 지리학에 빠져들기도 하는데, 과거의 탐험가들은 대부분 배의 선장이었다. 탐험을 이끈 선장은 영웅으로 그려지곤 하지만 문학작품들이 관심을 가진 것은 선장의 광기였다. 노아 정도면 그런대로 순한 축에 속한다. 에이해브 선장[02]은 심리적으로 불안정한 사람이었고 블라이 선장[03]은 기독교적 가치에 어긋나는 야만성을 띠기도 했다. 이

02 허먼 멜빌의 소설 《모비딕》의 등장인물.

03 1754~1817년. 영국 해군 장교. 영국해군 소속의 배 바운티 호의 함장. 1789년 바운티 호가 타히티에서 카리브해로 향하던 중 선상 반란으로 배에서 쫓겨나 18명의 선원들과 함께 47일간 표류 끝에 티모르 섬에 상륙했

같은 선장들의 '광기'가 그들이 배 위에서 사용하는 백랍 식기 때문이라는 설도 있다. 백랍은 주석을 대량 함유한 합금이지만 과거에는 납 성분을 많이 포함했다. 이후에 납이 전혀 들어 있지 않거나 극히 소량만 들어 있는 백랍 제품들이 나왔다. 납중독은 뇌손상이 사망에 이를 정도로 위험하다.

비투스 베링 선장이 백랍 식기를 사용했는지, 혹은 정말 미쳤었는지를 증명할 방법은 없지만, 그는 확실히 제정신을 가진 사람이라면 할 수 없는 임무를 수행했다. 믿기 어려울 정도로 오랜 기간 동안 온갖 고난을 겪었던 그의 탐험은 이렇다 할 성과를 내지 못했을 뿐 아니라, 다른 러시아 탐험가들이 이미 다녀왔던 경로를 되밟은 것일 뿐이다.

러시아의 차르 표트르 대제는 혹시 시베리아가 북아메리카와 육로로 연결되어 있을지도 모른다는 크지 않은 가능성에 기대를 걸고 덴마크 출신의 선장 비투스 베링을 보내 알아보게 했다. 베링은 육로로 러시아와 시베리아를 거쳐 태평양에 이르렀다. 그리고 그곳에서 배를 만들어 북극해를 탐험했다. 그는 별로 알아낸 것도 없이 육로를 거쳐 상트페테르부르크로 돌아왔고 얼마 후 다시 같은 경로를 되밟아갔다. 그의 두 번째 탐험으로 북아메리카와 시베리아가 떨어져 있다는 사실만은 확실히 증명되었다. 이후 쿡 선장은 북아메리카와 시베리아 대륙 사이의 바다를 베링 해협이라고 명명했다. 사실 이곳은 또 다른 러시아 탐험가 세묜 데즈뇨프라는 사람이 베링보다 10년이나 먼저 발견했다. 지리를 공부하는 학생들은 쿡 선장에게 감사해야 한다. 세묜 데즈뇨프 해협보다야 베링 해협이 읽기도, 쓰기도 쉽지 않은가.

다. 이후 선상 반란 사건을 다룬 여러 편의 영화에서 블라이는 전횡적이고 잔혹한 인물로 묘사되었다.

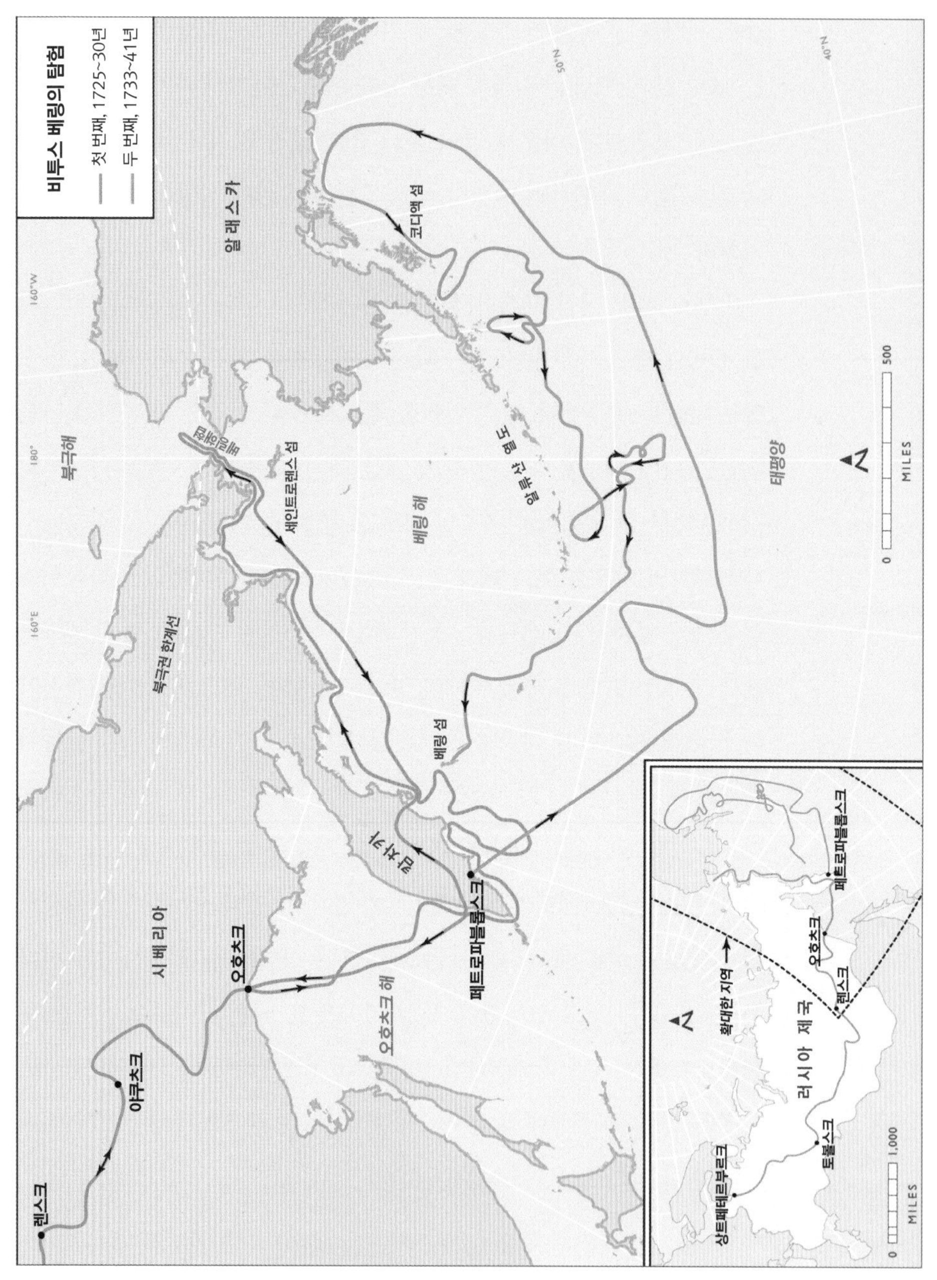

시베리아 북극 해안을 누빈 러시아의 탐험가 비투스 베링의 항해 경로.

러시아 영토였던 시절, 알래스카에서 가장 널리 알려진 지역은 싯카였다. 19세기 초, 싯카는 북아메리카 서해안 최대의 도시였다. 러시아령 알래스카의 수도였지만 최초의 수도는 아니다. 원래의 수도는 코디액(러시아어로 코디야크)이었다.

알래스카 이야기를 하면서 당대 가장 이름난 정치가였던 윌리엄 수어드라는 인물의 이름을 빼놓을 수 없다. 그는 휘그당[04]을 나와 공화당에 입당했고 1860년 대통령 선거에서 공화당 대통령 후보로 유력시되었다. 결국 링컨이 공화당 후보로 나가 대통령에 당선되자 수어드는 국무장관으로 임명되었다. 수많은 업적에도 불구하고 오늘날 수어드 국무장관은 1867년 알래스카 매입을 조롱하는 '수어드의 멍청한 투자'로만 기억된다. 그때나 지금이나 알래스카 매입은 결코 손해 보는 투자가 아니었는데도 당시 일부 신문에 난 자극적인 기사가 오늘까지 사람들의 입에 오르내리는 것이다. 알래스카 매입 당시 미국 대통령은 링컨이 아니라 앤드루 존슨[05]이었는데 그는 남부 출신 상원의원 가운데 유일하게 연방(남북전쟁 당시 북군)에 충성했다. 존슨은 테네시 주[06] 출신이다.

TIP

존슨은 미국 대통령 중 유일하게 퇴임 후 상원의원을 지냈다.

---

04 미국의 정당. 7대 앤드루 잭슨 대통령과 민주당의 정책에 대한 반발로 1830대에 창당했으며 네 명의 대통령 후보를 냈으나, 노예 제도에 대한 입장차이로 분열을 겪다가 1852년 마지막 대통령 후보를 내고 와해되었다.

05 미국의 17대 대통령. 재임 기간 1865~1869년.

06 테네시 주는 남북전쟁 발발 당시 가장 나중에 연방을 탈퇴했다가, 전쟁이 끝난 후 가장 먼저 연방에 복귀했다.

미국이 알래스카 매입을 한 후 알래스카에 남은 러시아인들은 미국 국민이 되었지만, 러시아인들이 본격적으로 미국으로의 이주를 시작한 것은 1865년 남북전쟁 이후였다. 2012년 통계 조사에서 미국 내 80만 가구 이상이 '가족끼리' 러시아어를 쓰고 있다는 놀라운 결과가 나왔다.

8장 첫머리에 제시한 문제를 풀기 위해서는 우선 분명히 짚고 넘어가야 할 것이 있다. 러시아 제국으로부터 수백만 명이 미국으로 이주했지만, 미국 이민당국이 그들 모두를 러시아인으로 간주한 것은 아니다. 아마도 '러시아에서 왔으나 러시아인이 아닌' 이들 가운데 최대 다수는 유대인들이었을 것이다. 많은 유대인들이 가정에서 이디시어를 사용한다. '러시아에서 온' 이민자들 대부분은 1901년에서 1910년 사이에 이주했다. 하지만 러시아어를 모국어로 사용하는 이민자의 수가 최고치에 달한 것은 1911년에서 1920년 사이였음을 보여주는 통계수치도 있다. 그러니 두 시기 모두 정답으로 인정된다.

미국에 남은 러시아인들이 즐겨먹었을 법한 야채수프

"보드카는 유리잔에, 맥주는 맥주잔에, 술상은 유쾌한 술친구들에게." _러시아 속담

◆ 러시아 보르시[01]

보르시는 재료부터 만드는 과정까지 모두 내 마음에 쏙 든다. 선명한 색, 애플사이다 식초의 미묘하게 시큼한 맛, 잘게 썬 야채, 딜, 사워크림 등 모든 재료가 한 그릇의 수프 안에 녹아 들어가 따뜻하게 영혼을 채워준다. 재료의 가짓수를 보고 섣불리 겁먹을 필요는 없다. 푸드 프로세서만 있으면 한번에 손질할 수 있다. 재료의 씹는 맛을 살릴 수도 있지만, 더 부드러운 식감을 원한다면 완성된 수프를 다시 한번 블렌더에 갈아도 좋다. 하지만 크림 같은 식감은 기대하지 말 것. 상쾌한 오이 샐러드, 크고 거친 통 곡물 빵이나 러시아 호밀 빵, 질 좋은 가염 버터와 잘 어울린다. 프리야트노보 아페티타(приятног оаппетита)[02]!

- 10~12인분

- 재료

- EVOO 3큰술
- 비트 중간 크기 두 개, 껍질을 벗기고 푸드 프로세서로 잘게 다진다.
- 당근 중간 크기 한 개, 껍질을 벗기고 푸드 프로세서로 잘게 다진다.
- 양파 한 개, 껍질을 벗기고 푸드 프로세서로 잘게 다진다.
- 셀러리 두 줄기, 푸드 프로세서로 잘게 다진다.
- 다진 토마토 약 400g 캔 한 개
- 감자 중간 크기 다섯 개(약 1.4kg), 껍질을 벗기고 푸드 프로세서로 잘게 다진다.
- 양배추 중간 크기 ½개에서 ¾개, 껍질을 벗기고 푸드 프로세서로 잘게 다진다.(다진 상태로 다섯 컵 정도 나오도록)
- 애플사이다 식초 ¼컵
- 마늘 세 쪽, 얇게 썬다.
- 말린 월계수 이파리, 세 조각

---

01 러시아뿐 아니라 우크라이나, 벨라루스, 폴란드, 리투아니아 등 동부 유럽 몇몇 국가에서 즐겨먹는 시큼한 맛의 야채수프.

02 "맛있게 드세요."라는 뜻의 러시아 인사말.

• 말린 딜 이파리, ½큰술
• 야채 육수 또는 쇠고기 육수 또는 물 3l(뼈를 우려낸 육수가 가장 좋다. 스톡 2.4l에 뼈 육수 두 컵을 섞는다)
• 소금과 후추 취향에 따라 약간

– 곁들일 재료
• 신선한 딜 다진 것
• 사워크림

– 나만의 비법
• 바닥이 두껍고 큰 냄비에 기름을 넣고 중불에 가열한다.
• 비트, 당근, 양파, 셀러리, 토마토, 감자, 양배추를 넣는다.
• 가끔 저어주면서 10~15분 간 혹은, 야채가 노릇하고 부드러워질 때까지 가열한다.
• 불을 강하게 올리고 1분가량 더 가열 후 사이다 식초를 붓고 1분간 계속 저어준다.
• 마늘, 말린 월계수 이파리, 딜을 넣고 1분간 저으며 가열한다.
• 육수나 물을 붓고 끓인다. 끓어오르면 중약불로 낮추고 20~30분간 또는 야채들이 흐물흐물해질 때까지 졸인다. 월계수 잎은 건져낸다.

부드러운 식감을 원할 경우 선택사항: 핸드 블렌더로 수프의 절반을 간다. 일반 블렌더를 사용할 경우 조금씩 나눠서 간다. 나머지 절반은 작은 야채 덩어리들을 남겨둔다. 부드러운 식감을 원하는 경우에만 한하며, 그렇지 않은 경우 갈지 않고 먹어도 좋다. 소금, 후추, 신선한 딜, 사워크림과 함께 낸다.

러시아식 야채수프 보르시.

09
세계 곳곳의 유대인들

- 세파르디(또는 스파르디)계 유대인의 기원은 어디인가?
- (현재의 영토 기준으로) 미국 최초의 유대교 사원이 세워진 곳은 어디인가?
- 식민지시대 미국에서 유대인들이 가장 많이 모여 살던 도시는?
- 미국 최초의 아시케나지계 유대교 예배당이 세워진 곳은?
- 세파르디계와 아시케나지계 유대인들이 각각 사용한 언어는?
- 현재 가장 많은 유대인 인구를 보유한 나라는?
- recipe. 유대인의 대표 음식, 할라 빵

하와이 대학 구내식당에 베이글이 처음 등장했을 때, 내가 바로 그곳에 있었다. 계산대에 줄을 선 사람들 맨 뒤에서 베이글 판매원이 무료로 베이글을 나눠주고 있었다. 학생들은 하나같이 "저는 베이글 안 먹어요."라며 정중히 거절했다. 하지만 그로부터 1년 만에 베이글은 구내식당 최고의 인기 아침메뉴로 떠올랐다. 이 같은 변화가 놀라운 이유는 당시 구내식당에서 나눠주던 베이글이 그다지 좋은 품질이 아니었기 때문이다. 아무튼 베이글은 유대인들이 미국 식단에 끼친 변화를 가장 집약적으로 보여준다.

유대인들은 누구일까? 인종 집단? 문화 집단? 종교 집단? 언제 어디서 질문하느냐에 따라 답은 달라진다. 인종이라는 개념이 허구라는 인류학자들의 주장은 꽤나 설득력이 있다. 그들은 집단 간 외형적 차이는 '인종'이라는 개념을 뒷받침하는 기준이 되기에는 너무 빈약하다고 말한다. 설령 인종의 구별에 대해 확신하고 있다 해도 유대인을 하나의 인종으로 간주하기는 힘들다. 당장 아프리카 유대인, 인도 유대인, 중국 유대인을 비롯해 인종 분류가 애매한 집단이 수없이 많기 때문이다. 미국 내 유대인들은 시간이 지날수록 종교 집단으로서의 정체성이 강해지고 있는 것 같다. 유대교 예배당인 시너고그에 나가는 유대인들이 늘어나고 있기 때문이다. 반면 이스라엘 내 유대인들의 경우 그 반대의 징후들이 나타나고 있다. 그러니 그들을 규정하는 것이 인종인지 종교인지 가늠하는 것은 정말 어려운 문제다. 이럴 때 대학 교수들은 이렇게 말한다. "자네 스스로 한번 생각해보게(다음번 시험에 나올 거야)."

TIP

라디노는 스페인어의 영향을 받은 유대인들의 언어다. 문법과 일부 어휘는 중세 스페인어로부터 유래한다. 이스라엘과 세파르디계 유대인들이 이주해간 중동 및 소아시아 지역에서 여전히 사용하고 있다.

세계 유대인들의 다수를 차지하는 이들은 세파르디(스파르디)계와 아시케나지계 유대인들이다. 세파르디계 유대인은 이름에서 짐작할 수 있듯 스페인에 기원을 둔 유대인들인데, 이들의 역사는 매우 흥미롭다. 1492년까지 유대인들은 이베리아 반도에서 자신들만의 독특한 문화를 이루며 살았다. 하지만 그해 스페인의 유대인들에게 위기가 닥쳤다. 그들에게는 기독교로 개종하거나, 스페인을 떠나거나, 잡혀서 처형당하는 세 가지 선택지밖에 없었다. 스페인인들은 대부분의 유대인들이 개종하리라고 기대했지만 많은 이들은 나라를 떠났다. 그들과 함께 그들의 언

뉴욕에서도 찾아볼 수 있는 유대교 예배당 시너고그.

어인 라디노어도 퍼져나갔다. 세파르디계 유대인들이 이주해간 지역은 이슬람계 아랍인들이 정복한 땅이었는데, 그곳에 이전부터 살고 있던 유대인들이 세파르디계 유대교 풍습을 받아들였다. 한편 대다수의 세파르디 계 유대인들은 라디노어를 버리고 아랍어를 쓰기 시작했다.

일부 세파르디계 유대인들은 네덜란드와 잉글랜드로도 이주했는데, 이들이 식민지 시대 미국 땅으로 건너온 최초의 유대인들이었다. 그들은 뉴욕 시와 로드아일랜드 주 뉴포트에 최초의 시너고그를 세웠다. 식민지 시대에 미국에 존재하던 시너고그는 모두 세파르디계 예배당이었다. 당시 식민지 내에서 가장 많은 유대인들이 모여 살던 지역은, 의외라고 생각할지 모르지만 사우스캐롤라이나 주 찰스턴이었다.

유럽에서 유대인들이 대규모로 정착해 살기 시작한 것은 기원후 1000

년 경이었고, 주로 중부 유럽에 모여 살았다. 세파르디계처럼 아시케나지계 유대인들에게도 자신들만의 언어가 있었다. 독일어 방언에 슬라브어와 히브리어(또는 아람어)[01]의 형식이 가미된 이디시어였다. 아시케나지계 유대인들은 중세 유럽의 철저한 봉건 체제에서 이방인 취급을 받았다. 극히 제한된 범위의 직업에만 종사할 수 있었고, 주변의 기독교 사회로부터 극심한 박해가 끊이지 않았다.

1700년대 말, 러시아의 예카테리나 대제는 당시 러시아의 통치하에 있던 유대인들을 한정된 지역 내에 정착해 살도록 했다. '거주 한정지역(Pale of Settlement)'이라고 불리던 이 지역은 지금의 폴란드, 리투아니아, 우크라이나 일부를 포함하고 있었다. 20세기에 들어설 무렵, 이 지역의 아시케나지계 유대인은 약 500만 명에 달했는데 아마도 이들이 세계 유대인의 대다수이자 가장 빈곤한 층이었다.

미국 최초의 아시케나지계 시너고그는 1795년 필라델피아에 세워졌다. 하지만 아시케나지 유대인들이 본격적으로 미국으로 건너온 것은 1840년대 독일에서 비교적 부유한 유대인들이 이주해오면서부터였다.

1880년 전후로 아시케나지 유대인들은 큰 변화를 겪었다. 첫 번째는 서유럽에서 유대인들이 사회에 크게 동화되기 시작했다는 점이다. 가령 영국에서는 유대인 총리(벤저민 디즈레일리)[02]가 등장했다. 하지만 무고한 유대계 프랑스 육군 장교가 반역죄로 유죄판결을 받은 드레퓌스 사건처럼 유대인에 대한 불편한 시각은 여전히 존재했다. 두 번째는 러시아 내 거주 한정지역에 살던 유대인들이 국외로 빠져나가기 시작했다는 점이

---

01 기원전 1100년경부터 중동지역에서 사용되던 아프리카아시아 어족, 셈어파의 언어.

02 1804~1881년. 정치가, 작가. 영국의 수상. 두 차례(1868, 1874~1980년) 영국 총리를 지냈다.

다. 1880년부터 1920년 사이 거주 한정지역과 기타 동유럽 지역 출신의 유대인 수백만 명이 미국으로 이주했는데 대부분 극빈자들이었으며, 그들은 뉴욕 시에 집중적으로 정착했다.

내가 '홀로코스트'라는 말을 처음 접한 것은 유대인 학살이 벌어지고 한참 후였다. 이후 수십 년간 살아오면서 홀로코스트와 관련된 여러 사실들을 알게 되었다. 책, 영화, TV 프로그램, 기사들이 쏟아져 나와 나를 비롯한 수백 만 명의 정서에 엄청난 영향을 끼쳤다. 하지만 당시의 참혹한 실상을 정말로 실감했던 것은 학자들이 감정을 배제한 객관적인 기록들을 발표하기 시작한 무렵이었다. 유대인들은 수백 년에 걸쳐 박해를 받았지만, 그들에게는 언제나 개종이라는 구원의 기회가 주어졌다. 하지만 히틀러 통치하의 독일에서는 기독교도라 할지라도 조부모 중 한 사람만 유대인이면 처형당했다.

어떤 자료들은 홀로코스트가 1941년 독일의 소련 침공과 과거 거주 한정지역에 잔류한 유대인 학살로부터 시작되었다고 주장한다. 하지만 유대인 말살의 움직임은 이미 1890년대에 시작되었고 1920년대 히틀러는 그것을 명분으로 이용했다. 미국의 유대인들이 홀로코스트로부터 안전했던 이유는 미국의 지리적 위치와 군사력 때문이지, 히틀러가 그들을 간과했기 때문이 아니다. 사실 나치는 독일군의 힘이 미치지 못하는 지역 유대인들을 말살하기 위해 별도의 계획을 세우기도 했다.

TIP

20세기 초 미국의 인구 조사에서 조사원들은 피조사인들의 인종을 임의로 구분했다. '유대인'이라고 분류되는 경우가 흔했던 것은 동유럽에서 이주해온 사람들을 일괄적으로 유대인으로 분류했기 때문이다.

홀로코스트로 희생된 유대인은 대략 600만 명으로 추정된다. 이는 1945년 종전 후 남은 유대인들의 절대 다수가 미국에 거주하고 있었다는 의미이기도 하다. 오늘날 미국의 유대인 인구와 이스라엘의 유대인 인구는 거의 비슷하다. 미국의 인구 조사는 종교에 관한 질문을 허용하지 않기 때문에 미국 내 정확한 유대인의 수를 파악할 수는 없지만, 개혁파 유대교 신자[03]는 낮은 출산율로 인해 줄어든 반면, 정통파 유대교 신자의 수는 높은 출산율로 인해 늘었다.

03 토라(유대교율법)는 신에게서 직접 받은 계시이므로 임의로 해석하거나 바꿀 수 없다는 입장의 정통파와 달리, 신의 계시는 현재에도 계속되고 있으므로 시대의 맥락에 따라 이해해야 하며, 서로 다른 지역에서 발전한 유대인 커뮤니티들의 문화적 다양성을 인정해야 한다는 입장의 유대교 분파. 여성 랍비를 인정하고, 동성애자 차별에 반대한다. 또, 지극히 한정된 상황에서만 피임을 허용하는 정통파와 달리 개인의 선택을 우선시한다.

recipe 유대인의 대표 음식, 할라 빵

"세상에는 심하게 굶주리는 사람들이 있습니다. 그들에게 신은 빵의 모습으로밖에 드러날 수 없습니다." _마하트마 간디

◆ 할라 빵

이유는 모르겠지만 나는 유대인이 주로 만들어 먹는 유대식 할라 빵 굽기를 좋아한다. 우리 농장에 바닐라 체험하러 오는 손님들에게 대접하는 바닐라 스위트 번도 할라 빵과 흡사한 방식으로 굽는다. 손님이 많이 올 때나 큰 행사를 앞두고 마음이 불안할 때도 나는 할라 빵을 굽는다. 반죽을 잔뜩 만들어놓고, 주방의 온갖 볼을 다 꺼내다가 반죽을 나누어 담고 부풀린다. 남편과 아이들은 말릴 생각도 못하고 고개만 설레설레 젓지만, 근사하게 부풀어 오르는 할라 빵을 보고 있으면 나는 언제나 마음이 편안해진다.

– 근사한 매듭을 넣은 빵 두 덩어리

– 재료

• 우유 두 컵, 미지근하게 데운다.
• 설탕 ½컵
• 상온에 둔 버터 ½컵, 1인치 크기로 네모나게 잘라놓는다.
• 중력분 7컵, 나누어둔다.(처음에 ½컵만 쓰고 나머지는 한꺼번에 반죽하므로 한데 합쳐두어도 상관없다.)
• 드라이 이스트 1½큰술(또는 ¼온스 포장된 것으로 두 개)
• 따뜻한 물 ½컵
• 코셔소금 1큰술
• 달걀 세 개, 그중 두 개는 반죽용으로 풀어놓고 한 개는 반죽 위에 바른다.

– 나만의 비법

• 중간크기의 팬을 중불에 올리고 우유를 끓어오르기 직전까지(팬 가장자리에 거품이 올라오기 시작할 때까지) 가열한다.
• 거품이 생기면, 30초 동안 더 가열한 후 불에서 내려 식힌다. 설탕을 넣고 녹을 때까지 저어준다. 버터를 넣어 녹인다. 잘 식도록 저어준 후 따로 둔다.
• 계량컵 또는 볼에 밀가루 ½컵, 이스트, 소금을 넣는다. 저어서 섞은 후 따뜻한 물을 붓는다. 다시 저어준 후 이스트가 활동하도록 부엌 안에서 따뜻한 곳을 골라 5분간 둔다. 살아 있

유대식 할라 빵.

는 이스트인지 아닌지는 거품으로 확인한다. 거품이 생기지 않으면 활성(살아 있는) 이스트가 아닐 수도 있으므로 신선한 이스트를 구해다가 처음부터 다시 시작한다.

• 이스트가 살아 있음을 확인했으면 반죽에 풀어놓은 달걀 두 개를 넣어 저은 후, 스탠드 믹서에 딸린 볼에 옮겨 담고, 믹서에 반죽용 후크를 장착한다. 손으로 저을 때는 넉넉한 크기의 볼과 손잡이가 긴 나무 스푼을 준비한다. 나는 스테인리스스틸 볼을 선호한다. 가벼워서 한 손에 들 수 있으므로 한 팔에 끼고 나머지 손으로 반죽을 저으면 된다.

• 미리 식혀놓은 우유, 설탕, 버터 믹스를 믹서용 볼에 붓고 남은 밀가루 절반도 넣는다. 밀가루를 잘 섞어주되 믹서를 약하게 돌리거나 스푼을 이용해 저어야 반죽이 튀지 않는다. 믹서를 작동시킨 상태에서 나머지 밀가루를 천천히 흩어지게 넣고 반죽이 잘 섞일 때까지 계속 돌린다.(반죽이 아주 뻑뻑해야 한다. 반죽을 손으로 치대야 한다면 기계를 멈추고 후크에서 반죽을 떼어낸다.) 볼 옆면에 반죽이 들러붙지 않을 정도가 되면, 믹서를 멈추고 미리 밀가루를 살짝 뿌려놓은 작업대에 반죽을 꺼내놓는다.

• 손에 밀가루를 조금 묻히고 부드럽고 탄력 있는 반죽이 될 때까지 치댄다. 살짝 눌러 누르면 반죽이 다시 올라올 정도가 되도록 약 8~10분 정도 치댄다. 반죽은 꼭 필요한 만큼만 넣는다.

• 볼 두 개를 준비해 안쪽 바닥과 옆면에 기름을 바른다. 제빵용 스크래퍼나 예리한 칼로 반죽을 2등분 해 볼에 나누어 담는다. 순면행주로 반죽을 덮고 따뜻한 곳에서 두 시간가량 부풀린다. 부풀리는 동안 20~30분에 한 번씩 주먹으로 눌러 공기를 빼준다. 많이 누를수록 빵의 풍미가 좋아지지만, 일단 부풀어 오른 후에 눌러주어야 하므로 20~30분 간격을 둔다.

• 빵이 부풀어 오르는 동안 베이킹 팬을 준비한다. 반죽마다 팬을 하나씩 사용하는 것이 가장 좋다. 팬에 각각 유산지를 깔고 스프레이나 솔로 기름을 발라준다.
• 두 시간 동안 부풀린 반죽을 마지막으로 눌러 공기를 뺀 후 두 개의 반죽을 작업대 위에 꺼내놓는다. 제빵용 스크래퍼나 칼을 이용해 각 반죽을 대략 3등분 한다. 정확하게 똑같이 나눌 필요는 없다. 손으로 반죽 덩어리들을 굴리고 당겨서 약 30센티미터 길이의 가닥으로 만든다. 반죽이 잘 늘어나지 않으면 몇 분 있다가 다시 시작한다. 글루텐이 살짝 풀어져야 잘 늘어난다. 다른 반죽 덩어리들도 같은 방법으로 모양을 만든다.
• 반죽 세 가닥을 매듭모양으로 꼬아준 후 끄트머리는 아래로 접는다. 반죽을 조심스럽게 들어 올려 미리 준비해둔 베이킹 팬에 올린다. 나머지 반죽도 같은 방식으로 모양을 만든다. 반죽을 따뜻한 곳에서 30분 혹은 처음 크기의 두 배가 되도록 부풀린다.
• 오븐을 190℃로 예열한다.
• 남은 달걀 하나를 풀어서 빵 반죽에 바른다. 양 옆과 갈라진 틈새까지 골고루 바른다. 취향에 따라 참깨나 양귀비 씨를 뿌려도 좋지만, 나는 뿌리지 않는다.
• 30분 후 노릇노릇 예쁜 할라 빵이 완성된다. 20분간 구운 후 오븐을 끄면 오븐 안에서 천천히 열이 식으면서 빵이 완성된다. 10분간 오븐에 두었다가 꺼낸 후 식힌다.
• 구워서 바로 먹거나 거품을 낸 허니 버터와 함께 낸다. 하루 두었다가 프렌츠 토스트로 먹거나 랩에 싸서 얼려두었다가 추수감사절 저녁 식탁에 올려도 되고 브레드푸딩[01]을 만들어 먹어도 맛있다!

01 빵 위에 설탕, 달걀을 올리고 우유를 부어 구운 푸딩.

IO
이민자들의 나라

- 미국의 공용어는? 독립직후 미국의 공용어가 될 뻔했던 언어는?
- 미국 인구의 최대 다수가 자신들의 뿌리라고 주장하는 혈통은?
- 남북전쟁 당시 북부 연방군 내 다수를 차지했던 이민자 집단은?
- 뉴욕양키즈에서 동료들에게 병에 담긴 뱀장어 피클을 선물한 선수는?
- 존 D. 록펠러, 존 제이컵 애스터, 도널드 트럼프는 어떤 이민자들의 후손일까?
- 전함 그라프슈페 호는 어떤 강에서 가라앉았을까?
- recipe. 미국에서 즐기는 독일식 양배추 요리

가끔 나는 사람들이 잘못 알고 있는 지식을 바로잡아주고 싶다는 생각이 든다. TV 예능 프로그램이나, 크루즈 선상에서 벌어지는 퀴즈 게임, 심지어 뉴스 보도에서조차 잘못된 지식을 전달하고 있으니 말이다. 여러 번 들어서 기억에 남는 것들 중에 미국의 공용어가 '될 뻔'한 언어는 무엇인지를 묻는 문제가 있었다. 우선 미국에는 공용어가 없다. 미국의 주들은 저마다 다른 시대에 이러저러한 이유로 공용어가 필요하다고 판단했던 적이 있다. 게다가 전화 통화, 단파 라디오, 기차역 승강장에서 영어가 아닌 언어 사용을 제한하는 법들이 발효된 적도 있다. 하지만 독일어가 미국의 공용어가 될 뻔했다는 것은 꽤 많은 사람들 사이에 근거 없이 떠도는 이야기다. 나도 TV에서 처음 들었을 때 진위 여부를 확인하려고 했지만(그렇게 믿고 있는 사람 여럿을 만나봤는데도) 확인할 수 없었고 여전히 근거를 못 찾고 있다.

1990년 인구조사 결과를 보면 미국 내에 독일계 인구는 5,000만 명이 넘었다. 다른 어떤 인종 집단보다도 많은 수였다. 과거 조사에서는 조사원이 판단했지만 2000년과 2010년 조사에서는 사람들이 스스로의 혈통을 밝힐 수 있게 되었는데, 독일계의 수가 크게 줄긴 했어도 여전히 미국 내에서 최대 다수를 차지하고 있었다.

독일인들은 지금의 미국 땅에 정착민들이 들어오기 시작한 후 4세기 동안 아메리카 대륙으로 대거 이주했다. 대부분 19세기에 들어와 오하이오와 위스콘신에서 미주리를 거쳐 텍사스까지 이르는 지역에서 큰 비중을 차지했다. 지역에 따라서는 독일어가 일상 소통 언어로 사용되는데 그치지 않고 공립학교에서 아이들을 가르치는 데 사용되기도 했다. 흔히 남북전쟁 당시 북군 내 최대 이민자 집단이 아일랜드 계였을 것이라고 생각하지만 실제로는 독일계가 더 많았다. 1860년 대통령 선거 유세에서 에이브러햄 링컨은 (주로 휘그당원들이었던) 독일계 미국인들을 공화당으로 끌어들이기 위해 특별한 노력을 기울였다.

독일계 미국인들은 19세기 미국 사회를 휩쓸었던 반(反)이민 정서를 무사히 피해간 듯했지만, 1차 세계대전과 함께 위기를 맞았다. 미국이 참전하기도 전에 반독일 정서가 들끓기 시작했다. 당시 미국의 언론들은 독일이 벨기에와 프랑스에서 저지른 악행들을 집중적으로 다루었는데 그중 일부는 터무니없거나 과장된 것들이었다. 미국 언론이 영국의

독일식 양배추 요리 자우어크라프트(자유 양배추).

선전 기구를 통해 1차적으로 걸러진 뉴스들만 받았기 때문이다. 미국 내에서 독일식 이름으로 활동하던 기업들 일부는 이름을 바꾸었고, 심지어 독일식 양배추 요리 자우어크라프트는 '자유 양배추(liberty cabbage)'로 바꾸어 불리기도 했다.

TIP

하와이 '핵펠트' 상점은 '리버티 하우스'로 이름을 바꾸었는데 이후 하와이 최대의 백화점 체인으로 성장했다.

그렇게 시작된 미국 내 반독일 정서는 1차 세계대전 내내 사그라질 줄 몰랐지만, 프랑스 상공에서 벌어진 구식 비행기들 간의 전투에서 활약한 어느 독일계 영웅의 존재는 사람들의 생각을 움직이는 데 중요한 역할을 했다. '악역'을 맡은 것은 찰스 슐츠의 만화 '피너츠'에서 스누피의 숙적으로 등장하기도 했던 붉은 남작, 만프레드 폰리히트호펜이었고 '영웅'은 미국 공군의 최고 에이스 에디 리켄배커였다. 이 미국적 독일계 조종사는 1차 세계대전 활약상에 빠지지 않고 등장한다. 붉은 남작은 캐나다 병사가 지상에서 쏜 총에 맞아 추락한 후 사망한 것으로 알려졌다.

같은 팀 동료였던 미국 최고의 야구 선수 베이브 루스와 루 게릭도 독일계였다. 게릭의 양친은 인종의 용광로라고 불리는 뉴욕에서 어렵게 살아남은 이민 1세대였다. 게릭의 어머니는 이스트 강에서 잡은 장어로 피클을 담았고, 게릭은 어머니가 담은 장어 피클을 병에 담아 뉴욕 양키스 동료들에게 나누어주었다.

독일계 미국인들 가운데에는 부와 명예를 모두 쟁취한 기업가들도 있다. 존 제이컵 애스터는 건국 초기의 기업가였는데 모피 무역으로 큰돈을 모았고, 존 D. 록펠러는 정유사업을 장악함으로써 미국 역사상 최고의 부를 누렸다. 록펠러 가문은 신탁과 재단 운영으로 여전히 미국 사회에서 큰 영향력을 행사하고 있다. 방송인이자 정치인이며 미국의 45대 대통령이기도 한 도널드 트럼프 역시 독일계 후손이다.

1차 세계대전에서 미국 공군으로 활약한 에디 리켄배커.

내가 어릴 때 살던 마을은 한때 '리틀 아일랜드'라고 불렸지만, 20세기에 들어설 무렵에는 독일계 이민자들의 수가 급격히 늘어났다. 2차 세계대전이 발발하자 마

미국의 프로야구 선수 루 게릭. 뉴욕 양키스 팀의 1루수이며 4번 타자로, 백만 불짜리 타선이라는 평을 받았다.

을 사람들 중에 그동안 독일계로 알려져 있던 수많은 이들이 자신은 오스트리아계라고 주장했다. 하지만 그것도 잠시였다. 아돌프 히틀러가 오스트리아 태생이라는 사실이 밝혀지자, 나이 지긋한 주민들은 자신들이 네덜란드계라고 우겼다! 하지만 지역의 2세대와 3세대들은 당당하게 독일계임을 밝혔고 입대할 때에도 전혀 주눅 들지 않았다. 우리 동네뿐 아니라, 미국 전역에 불어온 변화였다. 그 무렵 '아이젠하워'라는 독일식 이름의 군인이 유럽 연합군 사령관이 된 사실과 무관하지 않을 것이다!

영국(특히 윈스턴 처칠)의 입장에서 본다면, 2차 세계대전에서 결정적인 역할을 한 전투는 대서양 해상에서 벌어진 해전이었다. 독일이 대서양에서 연합군의 수송선을 저지할 수 있었다면 영국은 버틸 수 없었을 것이고 소련으로 가는 군수물자의 보급로도 막혔을 것이며, 노르망디 상륙작전의 D-데이도 없었을 것이다. 대서양의 독일 잠수정들은 막강한 무기였다. 독일이 유보트 함대에 수상함을 추가할 수 있었다면 2차 대전의 결과는 완전히 달라졌을 것이다. 사실 나치 독일군에게는 두 대의 전함이 있다. 상대적으로 더 알려진 비스마르크는 영국 해군의 공격으로 조타 장치가 완전히 망가진 채 가라앉았다. 또 다른 전함 그라프슈페는 영국해군의 추격으로 남대서양에 고립되었다가 우루과이 몬테비데오에 정박했다. 당시 우루과이는 중립국이었지만, 그라프슈페는 단 며칠밖에 머무를 수가 없었다. 마침내 출항한 그라프슈페는 라플라타 강(그리고 대서양)에 진을 친 영국 함대와 싸우러 가는 듯했지만 선장이 강 하구에서 배를 침몰시켰다.

TIP

1차 세계대전 종전 후 무장해제를 규정한 조약에 따라 독일은 전함을 축조할 수 없었다. 하지만 교묘한 설계와 신소재 개발로 조약을 위배하지 않는 범위 안에서, 영국의 전함과도 너끈히 대적할 만한 배를 만들었다.

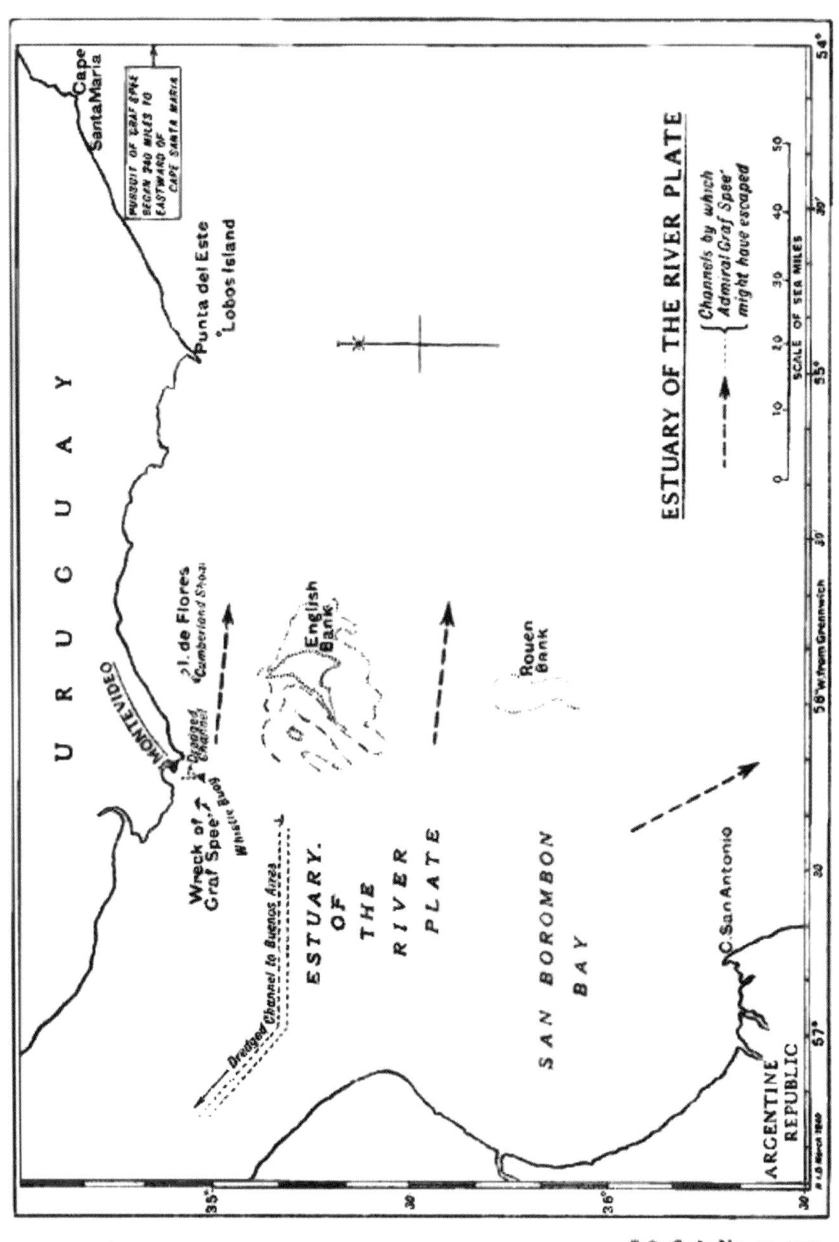

S.O. Code No. 20-9999

전함 그라프슈페가 영국해군의 추격으로 침몰한 위치를 그린 지도. 우루과이의 라플라타 강 근처다.

이민자들의 나라 미국에서 즐기는 독일식 양배추 요리

"크리스마스 이브에 배불리 먹지 못한 사람에게는 밤새 악마가 따라다닌다."
_독일 속담

◆ 사과가 들어간 엄마표 자우어크라프트

역시나 새콤한(자우어) 요리! 굽거나 브레이징(기름에 구운 다음 약한 불에서 물이나 육수로 조리는 방식)한 고기, 독일식 소시지 구이, 폴리시 도그(핫도그의 일종)와 함께 먹기 좋다. 시큼한 자우어크라프트와 달콤한 사과, 아삭아삭 씹히는 양배추와 크리미한 감자의 상반된 매력이 묘하게 어울린다.

– 재료

- 버터 2큰술
- 작은 양파 한 개, 얇게 썬다.
- 사과 세 개, 껍질을 깎고, 씨를 뺀 후 얇게 썬다.
- 미리 준비한 자우어크라프트, 헹궈서 물기를 제거한다.
- 물 ¼컵
- 소금 ½작은술
- 설탕 1큰술
- 캐러웨이 씨[01] ½작은술
- 작은 감자 두 개, 껍질을 벗겨 강판에 간다.

– 나만의 비법

- 중간 크기의 소스팬을 중약불에 올리고 버터를 녹인다. 양파와 사과를 넣고 색은 변하지 않고 부드러워질 때까지 약 10분간 가열한다.
- 나머지 재료를 넣고 10분간 더 가열한다.

---

01 미나리과의 식물. 씨앗(시드)이라고 알려진 초생달 모양의 열매를 향신료로 쓴다. 익은 열매는 갈색이고 달콤한 맛이 난다.

II
이탈리아와 미국의 연결고리

- 메초조르노는 어디일까?
- 이탈리아에서 가장 높은 산은?
- 이탈리아에서 가장 높은 화산은?
- 알 카포네의 출생지는?
- 캘리포니아 마르티네스에서 태어났고, 선수시절 번호는 5번, 별명은 팬 아메리칸 항공사의 비행기 이름이었던 운동선수는?
- recipe. 이탈리아의 대표 후식

처음 펜실베이니아 대학에서 지리학 공부를 시작했을 때, 나는 지리학이라곤 쥐뿔도 모르는 데다 잔뜩 주눅이 들어 있었다. 대학원생들이 처음 모인 자리에서 어느 교수님이 요즘 학생들은 '칼데라와 드럼린'의 차이점도 모른다고 한탄하셨다. 내가 그런 요즘 학생이었다. 게다가 우리과 학과장님은 유명한 소련 전문가에서 메초조르노 지역 전문가로 전환하신 분이었다. 나는 메초조르노가 뭔지, 어디에 있는지도 전혀 감을 잡을 수 없었다. 교수님 말씀을 듣고 유추해본 결과 이탈리아와 관련된 것은 알겠는데 지도에도, 사전에도, 백과사전에도 그런 말은 없었다. 무식이 탄로날까 봐 알 만한 사람들에게 물어보기도 겁이 났다. 조부모님들이 이탈리아 태생이라 직접 여쭤보았지만, 그런 용어는 들어본 적도

로마시대의 이탈리아와 메초조르노의 위치.

없다며 누가 날 놀리는 것이라고 생각하셨다. 글자 그대로 해석하면 메초조르노는 '한낮'이라는 뜻이었기 때문이다. 나중에 알게 되었는데, 메초조르노는 본토와 시칠리아 섬을 합친 남부 이탈리아를 가리킨다. 미국인들에게 메초조르노가 중요한 이유는 미국에 살고 있는 이탈리아 이민자 대부분이 당시에는 가난한 농촌이 주를 이루던 메초조르노 출신이었기 때문이다.

TIP

칼데라는 화산 폭발의 결과로 생긴 거대한 함몰지형으로 보통 둥근 고리 모양이다.(옐로우스톤 국립공원은 대부분 칼데라로 이루어져 있다.) 드럼린은 빙하가 녹으면서 운반해온 퇴적물이 쌓여 생긴 언덕이다. 지질학자들이 이 글을 읽는다면 이러쿵저러쿵 딴죽을 걸겠지만, 내 나름대로는 한다고 했다!

퀴즈 쇼에서의 좋은 문제란 쉬울 것 같아 보이지만 막상 전문가들도 바로 답하지 못하는 문제다. '이탈리아에서 가장 높은 산은 무엇일까?'라는 문제가 나오면 전문가라는 사람들은 곧바로 화산을 떠올린다. 이탈리아에는 화산이 많기 때문이다. 화산 중에서는 시칠리아 섬의 에트나 산이 단연 최고다. 위치도 그럴듯하다. 퀴즈 푸는 데 도가 튼 달인이라면 본토보다는 사람들이 잘 모르는 위치에 있는 산이 답일 확률이 높아 보이기 때문이다. 하지만 답이 아니다. 정답은 프랑스에서 가장 높은 산이기도 한 몽블랑, 혹은 이탈리아어로 '몬테 비앙코'인데, 이 산은 정확히 두 나라 사이에 있다.

몽블랑 바로 이남 지역은 율리우스 카이사르의 시대 로마인들이 갈리아 치살피나, 즉 '알프스 이남(로마 쪽) 갈리아'라고 부르던 지역이다. 이

지역을 갈리아라고 부르게 된 것은 기원전 400년 경 북서쪽에서 갈리아인[01]들이 알프스를 넘어 이동해오면서부터다. 로마인들은 그들의 이동을 대수롭지 않게 생각했지만, 갈리아 치살피나에서 갈리아인들과 직접 충돌하거나 카르타고인들과 연합한 갈리아인들과 싸우면서 패배를 거듭했다. 이 지역(특히 포 강 유역 골짜기)을 평정할 수 있었던 힘은 이후 로마 제국의 번영을 이끈 단초가 되기도 했다. 갈리아 치살피나는 원래 로마의 속주였으나 이후 로마의 일부로 편입되었다. 갈리아의 경계선 중 일부가 바로 전설적인 루비콘 강[02]이었는데, '전설'이라는 말에 어울리게 오늘날 루비콘 강이 정확히 어디였는지, 혹은 그런 강이 진짜로 있긴 했는지 확실하게 아는 사람은 아무도 없다.

이탈리아인들은 미국이라는 나라가 생기기 오래전, 심지어는 이탈리아라는 나라가 생기기도 훨씬 전에 지금의 미국 땅에 왔다. 하지만 대부분의 이탈리아인들은 1880년부터 1920년 사이에 미국으로 이주했다. 이 40년 동안 이탈리아인들은 해외에서 미국으로 이주한 이민들 가운데 가장 많은 수를 차지했다. 그중에서도 메초조르노 지역 출신이 가장 많았는데, 주로 농촌 주민들이었다. 그들이 미국에 도착할 무렵 서부의 광활한 땅을 약속했던 개척시대는 이미 끝나버렸다.[03] 이탈리아인들은 대부분 동부의 도시에 정착했다.

미국 역사상 가장 특이한 이력의 정치가는 이탈리아 이민의 아들, 피오렐로 라과디아였다. 그는 뉴욕 그리니치빌리지에서 태어났는데 아버

---

01 철기시대와 로마시대(B.C. 5세기~A.D. 5세기경) 지금의 서유럽(프랑스, 룩셈부르크, 벨기에, 스위스, 북부 이탈리아 등)에 걸쳐 있던 갈리아 지방의 켈트인.

02 이탈리아 북동부를 동류하여 아드리아 해에 흘러들어가는 작은 강.

03 미국은 1862년 발효된 홈스테드 법으로 서부 이주민에게 농지를 무상으로 지급했지만, 1890년 미국 인구조사국(Census)은 더 이상 서부에 개척되지 않은 땅은 없다고 발표함으로써 개척 시대의 마감을 선언했다.

뉴욕 시장을 세 번이나 연임한 피오렐로 라과디아 우표.

지는 이탈리아에서 태어났고 어머니(아이린 코언)는 당시 오스트리아-헝가리 제국의 일부였던 트리에스테 출신이었다. 라과디아는 이탈리아어와 이디시어를 모두 할 줄 알았고 군악대에서 연주하던 아버지를 따라 애리조나 주, 프레스콧에서 고등학교를 다녔다. 미국 국무성을 거쳐 국회에 진출했으며, 그 사이 법학 학위를 취득한 라과디아는 공화당 출신의 뉴욕 시장으로 선출되었다. 그는 공화당 출신이었지만 뉴딜 정책을 편 루스벨트 행정부와도 가깝게 지내면서 연방 예산을 얻어 범죄의 온상이었던 뉴욕 시를 되살려냈다. 센트럴 파크에 대한 지원을 비롯해 뉴욕 시에 많은 변화를 가져온 라과디아는 공화당과 민주당 모두의 애정을 한 몸에 받았고, 미국 역사상 가장 위대한 시장 가운데 한 사람으로 꼽힌다.

많은 이탈리아계 이민자들이 국가를 위해 공적을 쌓았지만, 미국인들의 의식 속에 이탈리아인들은 여전히 범죄 조직과 밀접하게 연관되어 있다. 영화로도 만들어진 마리오 푸조의 소설《대부(the God Father)》로 깊이 각인된 이탈리아계 마피아의 이미지는 사실 실존 인물인 알 카포네로부터 시작되었다. 알 카포네는 시카고 아웃핏이라는 조직을 이끌었는데 주로 금주 시대 불법 밀주 거래로 돈을 모으는 조직이었다. 알 카포네는 시카고에서 영웅 대접을 받았지만, 발렌타인데이의 대학살[04]이라고 불리는 갱단 간의 살인사건으로 그에 대한 평판은 급전환되었다. 결국 알 카포네는 그가 저지른 수많은 범죄 행위 가운데 탈세로 수감되었다. 다들 알 카포네가 시카고 출신이라고 알고 있는데 사실 그는 뉴욕 브루클린 출신으로 스무 살 때 시카고로 이주했다. 어둠의 세계에서 경력을 쌓기에는 시카고가 유리했었나 보다!

불법 밀주 거래 조직 아웃핏을 이끈 알 카포네.

모든 이탈리아 이민자들이 동부 대도시와 미드웨스트(중북부)[05]에 모여 살지는 않았다. 캘리포니아 마르티네스에 정착했다가 샌프란시스코로 옮겨 고기잡이로 생계를 꾸렸던 어느 이탈리아 이민자는 아홉 명의 자녀를 두었는데 그중 여덟째 아이의 이름이 주세페 파올로였다. 주세페는 고기잡이 배 타기를 싫어해서 늘 게으르다고 아버지한테 꾸지람을 듣는 아이였지만, 형의 권고대로 지원한 야구단에 운 좋게 입단해 유격수로 뛰었다. 어린 시절 주세페라 불리던 조 디마지오는 미국 야구 역사상 가장 위대한 선수로 성장했다. 그가 있던 열세 시즌 동안 뉴욕 양키

04 1929년 2월 14일 알카포네의 조직과 경쟁관계에 있던 아일랜드계 조직원 일곱 명이 경찰 복장을 한 남자들에 의해 사살된 사건. 알 카포네가 살인의 배후로 알려졌지만 정식으로 혐의가 입증되지는 않았다.

05 '미드웨스트'의 의미는 중서부이지만 실제로는 미국의 중북부에 위치한 주들을 칭한다.

뉴욕 양키스 팀의 명외야수이자 강타자로 활약했던 조 디마지오. 마릴린 먼로와의 결혼과 이혼으로도 유명하다.

스는 총 열 개의 우승컵을 거머쥐었고 조 디마지오는 전 시즌 올스타전에 출전했다. 센터필드에서의 놀라운 스피드로 양키 클리퍼라는 별명까지 얻었는데, 클리퍼는 팬아메리칸 항공사의 여객기를 이르는 말이었다. 그가 은퇴한 후 양키스는 그가 사용한 5번을 영구결번으로 지정했다.

recipe 이민자들의 나라 이탈리아의 대표 디저트

"한 끼를 잘 먹은 사람은 누구에게든 용서를 베풀 수 있으며, 심지어 일가친척에게 마저 너그러워진다." _독일 속담

◆ 다크 초콜릿을 얹은 카놀리[01] 바이츠

사람이 많이 모일 때 좋다. 영화 대부에서(클레멘자 역할을 연기했던) 배우 리처드 카스텔라노는 주차된 차 안에서 조직을 배신한 파울리를 살해한 동료에게 이렇게 말한다, "총은 놔두고, 카놀리는 챙겨." 아무래도 즉흥적인 대사였던 것 같다. 정해진 형식 없이 즉흥적으로 뚝딱 만들 수 있는 정통 이탈리아식 카놀리를 한 입에 쏙 들어가는 크기로 만들어놓으면 누구나 쉽게 즐길 수 있다. 테마가 있는 파티나 사람들이 많이 모였을 때 품위 있는 디저트로 제격이다.

- 한입 크기로 여러 개 분량

- 재료

- 속 재료용

• 신선한 플레인 또는 바닐라 리코타(24장 레시피 참조) 2¾컵. 물기가 과하면 얇은 무명천을 깐 체에 밭쳐 물기를 뺀다. 가능하면 마른 상태로 조리해야 한다.
• 분말 설탕 ½컵
• 다크 초콜릿 3큰술(나는 '카카오 60퍼센트' 제품을 쓴다). 얇게 깎거나 잘게 다진다.
• 바닐라 익스트랙트 1작은술
• 오렌지 제스트 ½작은술

- 나만의 비법

• 스탠드 믹서나 핸드 믹서로 리코타와 설탕을 폭신한 느낌이 날 때까지 섞는다. 초콜릿, 바닐라, 오렌지 제스트도 섞은 후 덮어서 냉장고에 넣어둔다.

---

01 시칠리아 섬에서 유래한 이탈리아식 페이스트리. 페이스트리 반죽을 튀긴 후 리코타 치즈 등 달콤하고 크리미한 속재료를 반죽으로 싸거나 위에 얹어 먹는다.

이탈리아의 대표 디저트 카놀리 바이츠.

– 페이스트리 반죽용
• 밀가루 두 컵
• 설탕 3큰술
• 코코아 파우더 1큰술
• 시나몬 1작은술
• 소금 ½작은술
• 달콤한 마르살라 와인[02]이나 셰리[03] ¾컵
• 최고급 EVOO ¼컵
• 튀김용 기름

– 곁들일 재료
• 다크 초콜릿과 피스타치오를 적당히 쓴다.

---

02 시칠리아 섬 마르살라 인근에서 생산되는 와인. 장기 보존을 위해 주정을 첨가하는 강화와인(fortified wine)이다. 와인 자체로 즐기기도 하고, 숙성 기간에 따라 요리용(리조또, 티라미수) 으로 사용하거나 야채를 넣고 조려 소스로 이용하기도 한다.

03 스페인 안달루시아 자치주 헤레스데라프론테라 인근에서 생산된 청포도로 만든 강화와인.

– 나만의 비법

• 밀가루, 설탕, 코코아, 시나몬, 소금을 스탠드 믹서의 볼에 넣는다. 와인이나 셰리를 넣고 재료가 섞일 정도로만 약하게 믹서를 돌린다. 고무 스패튤라로 옆면의 반죽을 쓸어내린다.

• 작업대에 밀가루를 살짝 뿌리고 반죽을 부은 다음 반죽이 부드럽고 탱탱해질 때까지 약 10분간 치댄다. 깨끗한 행주로 반죽을 덮어서 30분가량 둔다.

• 날카로운 칼이나 제빵용 스크래퍼로 반죽을 4등분 한 후 한번에 한 조각씩(나머지는 가볍게 밀가루를 뿌린 후 행주를 덮어둔다) 파스타 머신에 넣고 뽑아낸다. 가장 두꺼운 세팅으로 시작해서 두께를 줄여가면서 반죽이 최대한 얇아질 때까지 기계에 넣고 뽑기를 반복한다. 파스타 머신이 없다면 밀대를 사용해 손으로 밀어도 좋다.

• 유산지를 깔고 완성된 반죽을 올려놓은 다음 약 10×10cm 크기의 정사각형 모양으로 반죽을 자른다. 반죽을 다시 대각선 방향으로 잘라 두 개의 삼각형으로 이등분한다.

• 크고 바닥이 두꺼운 냄비에 기름을 붓고 185℃로 가열한다. 삼각형 모양의 반죽들을 30초씩 또는 반죽이 떠오를 때까지 튀긴다. 잘 떠오르지 않을 경우 금속 집게나 금속 그물국자로 살짝 건드려준다. 반죽을 뒤집은 후 15초 더 튀긴 다음 건져 식힘망에서 식힌다. 하루 전에 미리 튀겨도 되지만 필요할 때 바로 튀겨내는 것이 가장 좋다.

• 튀긴 반죽을 접시에 담고 바닐라 리코타 믹스를 스푼에 듬뿍 떠서 올린 다음 초콜릿과 피스타치오를 뿌린다. 부오나페티토(Buon appetito)![04]

필요한 도구: 밀대 또는 파스타 머신

◆ 갓파더 칵테일

– 칵테일 한 잔

이번 챕터에서는 이탈리아를 부각시키면서 특히 미국의 예술, 음식, 가족 문화에 이탈리아가 미친 영향을 강조하고 싶었다. 나는 맛있는 이탈리아 요리들을 가족과 함께 만끽할 수 있다는 사실에 감사한다. 내 딸 에마가 올해 로마에 갔는데 거기 있는 내내 원 없이 먹고 마시면서 맛있는 것들을 잔뜩 알아 와서는 내게 만들어달라고 했다. 나는 테마가 있는 요리를 좋아하는데, 좋은 추억을 만들어주기 때문이다. 갓파더 칵테일은 특별한 테마의 시작이나 마무리에 좋다. 드라마 〈소프라노스〉[05]를 테마로 생일파티를 하거나, 〈대부〉 시리즈를 한번에 몰아 볼 때, 아니면 그냥 이탈리아인들처럼 대가족이 한데 모인 자리라면 더할 나위없다.
아마레토는 이탈리아 고유의 술인데 〈대부〉의 주인공 말론 블란도가 가장 좋아하는 술로도 알려져 있다. 저녁 식사 후 늦은 카놀리와 잘 어울리는 짝이다.

---

04 이탈리아어로 '많이 드세요!'라는 뜻.

05 1999년부터 2007년까지 미국 HBO에서 방영한 드라마. 이탈리아계 마피아가 주인공이다.

– 재료
• 스카치 위스키 약 30g
• 아마레토[06] 약 30g

– 나만의 비법
• 예스러운 잔에 큰 얼음 조각을 담는다. 스카치와 아마레토를 얼음 위에 붓는다. 가볍게 흔들어 낸다.

06 이탈리아 증류주. 요리용으로 사용하거나, 칵테일, 커피 등에 첨가한다.

12
유럽인의 최초 탐험지, 대서양 1

- 화산섬이 아니면서 해발 높이가 25미터밖에 안 되는, 대서양 한가운데 위치한 작은 섬들은?
- 스페인과 포르투갈 식민지의 경계선을 정하기 위해 이용된 제도는?
- 세계에서 가장 오래된 의회가 있는 섬은?
- 스페인과 포르투갈은 모두 가장 높은 지대가 본토가 아닌 해외 영토에 있다는 특이한 공통점이 있다. 두 나라에서 가장 높은 산이 있는 제도들은 각각 어디인가?
- 버뮤다 양파의 원산지는?
- recipe. 북대서양의 버뮤다 양파로 만드는 양파링

유럽인들이 최초로 탐험한 곳은 대서양이다. 상황이 어떠했든 일어났을 일이지만, 대서양에 있는 섬들의 존재는 분명 탐험가들에게는 유리한 조건이었다. 바이킹은 북아메리카를 탐험하면서 아이슬란드와 그린란드를 거점으로 이용했다. 콜럼버스는 탐험을 시작하기 전에 아조레스 제도를 방문했고, 바스쿠 다가마는 카나리아 제도와 카보베르데 제도를 거쳐 인도로 향했다.

그렇다고 대서양의 모든 섬들이 거점 역할을 한 것은 아니다. 사실 내가 정말 가보고 싶은 곳은 지도상에 거의 나타나지 않는 바위섬, 담수도 식물도 없는 상페드루에상파울루 바위 섬 무리다. 대서양 한가운데, 브

라질과 아프리카 대륙의 거의 정중앙에 있는 이 바위섬들은 가장 높은 지점의 해발 고도가 25미터도 채 되지 않으며 물새들의 배설물로 하얗게 뒤덮여 있다. 범선들이 활동하던 시절, 망루를 지키던 선원들은 아마도 "배가 보인다!"라고 외쳤을 것이다. 하얀 바위섬들이 마치 배의 돛처럼 보이기 때문이다. 탐험 초기에는 아마도 항해하는 배들에게 적지 않은 피해를 끼쳤을 테지만, 바람이 거의 불지 않는 적도 부근이기 때문에 배들은 멈춰 서거나 직어도 아주 느린 속도로 항해했을 것이다. 게다가 섬 전체의 면적이 기껏해야 항공모함 정도이니 배가 와서 부딪칠 가능성은 크지 않았을 것이다.

상페드루에상파울루 바위는 매우 경이로운 곳이다. 대서양의 섬들 대부분이 화산섬이지만, 이 바위섬들은 그렇지 않다. 이곳은 해저에 몸체의 대부분을 숨기고 있는 대서양 중앙 해령의 최상층부에 해당한다. 바다 한가운데 느닷없이 솟은 오아시스처럼, 이 섬들 덕분에 겨우 빛을 받는 식물들이 물고기들의 먹이가 되고, 물고기들은 다시 물새들을 끌어모은다. 작은 땅 전체가 생명으로 충만한 곳이다. 브라질의 영토인 이 바위 군도에는(영토 소유권에 대한 별다른 경쟁은 없었을 것 같다) 작은 연구기지와 등대가 있다.

카보베르데 제도는 아프리카 서해안에서 겨우 560킬로미터 떨어진 곳으로 탐험대들에게 매우 중요한 곳이었다. 15세기 포르투갈의 초기 탐험가들이 이곳의 소유권을 주장하면서 적도 인근에서 최초로 유럽 국가의 영토가 되었다. 노예무역으로 한때 번성했지만, 이후 경제적으로 쇠퇴했다.

TIP

거리를 재는 단위로 쓰였던 1리그는 약 3마일(약 4.8킬로미터) 정도였다고 한다. 하지만 배 위에서 위치(경도)를 가늠하는 데에는 매우 부정확했기 때문에 실제 분계선의 위치가 어디인지는 대충 짐작만 할 뿐이다.

하지만 노예무역이 발달하기 훨씬 전, 카보베르데 제도는 스페인과 포르투갈의 지배 영역을 가르는 경계선의 역할을 하면서 이름이 알려졌다. 1493년 르네상스기 스페인 출신의 로마 교황 알렉산데르 6세는 스페인이 카보베르데 서쪽 100리그 지점의 남북 연장선을 기준으로 그 서쪽의 모든 땅에 대한 소유권을 갖는다는 칙령을 발표했다. 칙령은 포르투갈에 대해서는 언급하지 않고, 스페인에게 분계선의 서쪽 지역과 더불어 인도에 대한 권리를 부여했다.

포르투갈은 교황에게 불만을 표시했다. 당시 포르투갈은 교황에게 분계선을 다시 지정하도록 압력을 가할 정도의 군사력을 보유하고 있었고, 결국 세계를 스페인과 포르투갈이 나누어 갖는다는 내용의 토르데실랴스 조약이 1494년 체결되었다. 새로운 조약에 따라 두 나라의 경계선은 카보베르데 제도 서쪽 370리그 지점으로 정해졌다. 사실상 포르투갈은 아프리카와(인도 말라바르 해안의 후추 거래를 포함한) 아시아를, 스페인은 브라질을 제외한 아메리카 대륙에 대한 소유권을 갖게 된 셈이었다. 가장 돈이 되는 지역은 향신료 제도(지금의 인도네시아)였는데 조약에 따르

TIP

콜럼버스는 향신료 제도의 발견이 임박했다고 계속해서 우겼다. 사실 그는 스페인의 통치자들(이사벨 1세와 페르난도 2세)에게 향신료 나무를 실제로 보았지만 자신이 갔을 때는 아직 향신료가 완전히 무르익지 않았다고 말하기도 했다.

면 포르투갈의 영역이지만, 스페인은 콜럼버스의 항해로 자신들의 땅이 되었다고 여기고 있었다.

대서양 최대의 거점 지역은 그냥 '섬(Island)'이라고만 알려졌던 곳이다. 이유는 확실히 모르겠지만 이후 이곳을 영어로 '아이슬란드(Iceland)'라고 부르게 되었다. 아이슬란드에 처음 상륙한 사람들은 아마도 아일랜드 수도사들이었을 것이다. 하지만 이곳에 터를 닦고 정착한 이들은 19세기 바이킹이었다. 아이슬란드는 북극 한계선 바로 아래에 위치하지만 따뜻한 멕시코 만류가 크게 휘돌아가는 덕분에 초기 정착민들이 농업으로 생계를 유지할 수 있었다.

아이슬란드는 여러 가지 면에서 놀라운 곳이다. 더군다나 지리학에 막 입문한 초보자라면 반드시 한번 연구해야 하는 곳이다. 물리적으로는 지질 구조판들이 만나면서 환태평양과 지중해 지역 화산들의 특징과 하와이의 현무암질 화산들의 특징을 모두 보여준다. 사실 아이슬란드의 북부 해변은 하와이 섬(빅 아일랜드)과 굉장히 흡사하다. 역사적으로 아이슬란드는 그린란드와 북아메리카를 탐험한 바이킹의 출발점이었고, 930년 세계에서 가장 오래된 의회인 알싱(the Althing)이 처음 세워진 유서 깊은 곳이기도 하다.

'카나리아 제도'라는 이름은 어떤 동물에서 유래했을까? 내가 제일 좋아하는 상식 문제 중 하나다. 정답은 '개'다. 카나리아 제도는 라틴어로 개를 뜻하는 '카니스(Canis)'에서 왔다. 이제는 웬만한 사람들은 다 아는 상식이 되었으니, 문제를 살짝 바꿔보자. "카나리아의 원산지는 어딜까?" 카나리아는 카나리아 제도와 더불어 마데이라 제도와 아조레스 제도가 원산지다. 이 노래하는 작은 새의 이름이 '개'라는 뜻이었다니 좀 의외다!

카나리아의 고향 섬들은 예로부터 탐험가들에게 디딤돌 역할을 했다. 아프리카 대륙 서쪽 해역에 위치한 마데이라 제도와 카나리아 제도를 거쳐 인도와 아시아로, 아조레스를 거쳐 아메리카로 나갔다. 당연히 섬들을 두고 스페인과 포르투갈의 쟁탈전이 벌어졌다. 콜럼버스는 두 나라 양쪽으로부터 지원을 얻어내고자 마데이라 출신 여성과 결혼했고, 항해를 떠나기 전에는 아조레스를 방문했다. 결국 스페인이 카나리아 제도를, 포르투갈이 아조레스(그리고 마데이라)를 차지했다.

카나리아 제도는 현재 스페인의 영토다. 스페인에서 가장 높은 산은 본토인 이베리아 반도로부터 멀리 떨어진 카나리아 제도 테네리페 섬의

북대서양에 위치해 수백 개의 작은 섬으로 이루어진 영국령의 섬, 버뮤다의 풍경.

엘 테이데 산이다. 포르투갈에서 가장 높은 산은 카나리아 제도보다 더 먼, 아조레스 제도 피쿠 섬의 피쿠 산이다. 그러고 보니 미국도 비슷하다. 미국에서 가장 높은 산이 알래스카에 있으니 말이다.(해발 6,200미터의 디날리 산이다)

버뮤다는 대서양을 항해하는 배들에게는 위험 지역이다. 미국 노스캐롤라이나 주에서 약 600마일(약 1,000킬로미터) 떨어진 이곳은 탐험에 나선 배가 물을 얻으러 잠시 들르기 딱 좋은 위치 같지만 불행히도 섬을 둘러싼 암초 때문에 접근이 까다로운 데다가 물이 매우 귀하다. 그래서 요사이 짓는 집들은 대부분 지붕에서 빗물을 받아다가 저장하는 시설을 갖추고 있다. 버뮤다에 처음 상륙한 것은 스페인인이었다. 그들은 해변에 돼지들만 두고 돌아갔다. 정착하지도 영유권을 주장하지도 않았다.

버뮤다는 양파 때문에 유명해졌다. 버뮤다 양파는 미국 시장에 들어온 최초의 스위트 어니언[01]이다. 경작 가능한 땅도 거의 없는 버뮤다가 어떻게 농작물로 크게 이름을 알릴까 싶겠지만 아니나 다를까 버뮤다 양파는 결국 북미산 다른 스위트 어니언 품종들(가령 조지아의 비달리아 양파)에게 시장을 빼앗겼다. 아무튼 이름은 버뮤다 양파인데, 원산지는 버뮤다가 아니라 카나리아 제도다. 하지만 '버뮤다 양파'가 '카나리아 양파'보다 더 그럴듯하게 들린다. 카나리아는 역시 새 이름으로 더 어울린다.

---

01 모양이 납작하고, 자극 없이 달콤해 샐러드용으로 사용되는 양파. 미국 내에서는 워싱턴 주의 왈라왈라, 조지아 주의 비달리아 등의 품종이 널리 애용된다.

recipe 버뮤다 양파로 만드는 양파링

"자동차 시트에 낀 양파링은 시간이 지난다고 달라지지는 않는다." _어마 봄벡[01]

◆ 맥주 반죽을 입힌 양파링

반죽을 입힌 양파링의 레시피를 처음 소개한 것은 1933년 뉴욕타임스였다. 여기에 맥주가 들어가게 된 것은 정해진 수순이었다. 튀긴 음식을 먹는데 거품이 탐스러운 맥주가 빠질 수 없기 때문이다. 다소 손이 가지만, 수고할 만한 가치가 있다. 양파링에 곁들일 흑맥주도 넉넉히 준비할 것.

– 에피타이저 6~8인분

– 재료

- EVOO(또는 땅콩기름이나 카놀라유) 네 컵
- 버뮤다, 비달리아, 마우이 또는 다른 품종의 스위트 어니언 큰 것으로 두 개를 1.2~3cm 두께로 썬다.
- 버터밀크 또는 사워밀크 한 컵
- 달걀 한 개
- 밀가루 1¼컵
- 소금 1작은술
- 베이킹파우더 1작은술
- 마늘 가루 2작은술
- 파프리카 가루 2작은술
- 빵가루 한 컵
- 맥주 350mm(나는 포터[02]를 선호한다)

01 1927~1996년. 미국의 베스트셀러 유머 작가이자 칼럼니스트.

02 브라운 몰트로 만드는 영국식 흑맥주. 포터라는 이름은 런던에서 짐을 나르는 노동자들이 애용하던 데에서 유래한다. 알코올 도수가 높은 포터를 스타우트 포터 또는 스타우트라고 한다.

바삭하게 튀겨진 양파링.

– 나만의 비법

- 더치 오븐[03]에 기름을 붓고 185℃로 가열한다.
- 중간 크기의 볼에 밀가루, 소금, 베이킹파우더, 마늘 가루, 파프리카 가루를 넣고 함께 저어 준다.
- 양파 슬라이스에 앞에서 만든 가루가 골고루 묻도록 버무린 후 가루를 가볍게 털어내고 베이킹 팬에 따로 담아둔다.
- 가루가 담긴 볼 가운데를 우물처럼 비운 다음 맥주, 버터밀크, 달걀을 넣고 포크로 부드럽게 휘젓는다. 10분간 그대로 둔다.
- 베이킹 팬에 유산지를 깔고 그릴 망을 얹는다.
- 가루를 묻힌 양파 슬라이스를 반죽에 담갔다가 그릴 망 위에 얹는다. 양파가 서로 겹처도 상관없다.
- 야트막한 접시에 빵가루를 골고루 펼친 후 반죽에서 꺼낸 양파 슬라이스에 빵가루를 묻힌다. 골고루 묻힌 후 살짝 눌러 가루가 떨어지지 않게 한다.
- 양파 슬라이스를 여러 번에 나누어 가열한 기름에 2~3분간 노릇하게 튀긴다. 베이킹 팬 위에 종이타월을 깔고 그릴 망을 얹는다. 금속 그물국자로 양파를 건져 그릴 망 위에서 기름을 뺀다.
- 그냥 먹거나 좋아하는 디핑 소스를 찍어 먹는다. 14장에 나오는 고수-라임 디핑 소스나 3장에 나오는 마늘과 바닐라 아이올리 소스를 곁들여도 좋다.

---

03 무거운 밀폐 뚜껑이 있는 두꺼운 철제 주물냄비.

13

유럽인의 최초 탐험지, 대서양 2

- 아르헨티나에서 '말비나스'라고 부르는 도서 지역은?
- 나폴레옹 보나파르트가 숨을 거둔 섬은?
- 사우스조지아 사우스샌드위치 제도는 영국의 영토다. 그렇다면 샌드위치 제도는 어디일까?
- 영국 군함 래틀스네이크 호가 1781년 10월 21일 난파한 섬은?
- 세계 최남단 국가는?
- '오븐 곶'의 올바른 이름은?
- recipe. 남대서양 사우스샌드위치 제도의 불량 해적에게 선사하는 피크닉 샌드위치

1980년대 이전까지 포클랜드 제도가 어디인지 아는 사람은 별로 없었다. 80년대 초, 영국과 아르헨티나는 포클랜드 문제로 협상 테이블에 앉았다. 두 나라 모두 포클랜드를 자기 땅이라고 주장했기 때문이다. 아르헨티나는 이곳을 '말비나스'라고 불렀다. 이곳은 처음 발견된 후 오랜 기간 여러 나라의 지배를 거치면서 영유권이 애매해진 상태였다. 포클랜드에 많은 돈을 쓰고 있던 영국은 아르헨티나에게 이곳을 떠넘길 수 있게 되어 내심 반기는 것도 같았다. 포클랜드는 운송시설과 양떼 말고는 경제적 가치가 별로 없는 데다 인구가 3,000명도 채 안 되는 섬들이었기 때문이다.

1982년 4월 아르헨티나는 무력으로 포클랜드를 점령했다. 영국은 본격적으로 해군이나 육군 병력을 배치하지 않았기 때문에 큰 저항도 할 수 없었다. 또 육지에서 상당히 떨어진 곳이라 아르헨티나의 점령 소식도 아마추어 무선 통신을 통해 처음 알려졌다. 당시 남반구는 가을이었다. 아르헨티나에는 겨울이 다가오고 있었으며 포클랜드 일대의 거친 기후를 고려할 때 영국이 당분간 반격을 못하리라는 계산 하에 병력을 동원했다. 영국은 아르헨티나로부터 포클랜드를 재탈환하기 위해 매우 힘든 군사작전을 펼쳤고, 상황이 순조롭지 않았지만 결과적으로 승리했다. 이 사건은 정치적으로 아르헨티나 군사 정권이 무너지고 마가렛 대처가 이끄는 영국 보수당이 재집권하는 계기가 되기도 했다.

하지만 포클랜드 전쟁의 결과 가운데 사람들이 간과하는 부분이 있다. 1775년 영국인 제임스 쿡[01]이 발견해 영국의 영토가 되었으나 1982년 포클랜드 전쟁 동안 아르헨티나의 점유 하에 있던 사우스조지아 사우스샌드위치 제도에 대한 영유권을 영국이 회복했다는 점이다. 한편 포클랜드 주민투표에서 99.8퍼센트가 영국령으로 잔류하는 데 찬성했다.

TIP

사우스조지아는 영국이 군사작전으로 재탈환했지만 사우스샌드위치 제도에 대해서는 아르헨티나가 수년간 지배하고, 영국이 외교력을 동원해 탈환을 노리는 상황이었다. 하지만 포클랜드 전쟁으로 아르헨티나는 사우스샌드위치에서 완전히 철수했다.

아르헨티나의 장군들이 영국의 결연한 의지(그리고 자존심)를 간과하지만 않았어도, 사우스조지아 사우스샌드위치 제도는 지금도 아르헨티나

01 1728~1779년. 영국의 탐험가, 군인.

18세기 화가 토마스 루니가 그린 세인트헬레나 섬의 모습.

의 영토일지도 모른다. 20세기 초, 사우스조지아 섬에 있는 고래잡이배들의 정박항은 어니스트 섀클턴의 탐험대를 태운 인듀어런스 호의 출항 지점이자 구원의 항구였다.[02] 제임스 쿡은 1775년 사우스샌드위치 제도를 발견하고 영국 해군대신이었던 샌드위치 백작의 이름을 따서 샌드위치랜드라고 이름지었다. 쿡은 항해를 계속했고, 이번에는 태평양 한 가운데에서 또 다른 섬 무리를 발견하고 그곳을 '샌드위치 제도'라고 불렀다. 혼돈을 피하고자, 남대서양의 제도는 사우스샌드위치 제도로 이름을 바꾸었다.

나중에 발견한 태평양의 샌드위치 제도는 이후 하와이 제도라 불리게

02 1874~1922년. 아일랜드 태생의 영국 탐험가. 남극을 세 번 탐험했고, 1911년 노르웨이의 아문센이 남극점에 도달한 후에는 남극 횡단을 계획, 1914년 12월 인듀어런스 호를 타고 사우스조지아 섬을 출발했지만, 배가 부서져 1년 넘게 바다를 떠돌다가 1916년 5월 사우스조지아섬으로 귀환해 구조되었다.

되었다.

나폴레옹 보나파르트는 역사적으로 매우 특이한 지도자였다. 우선 그는 프랑스 군을 이끌고 전쟁에서 연승을 거둔 군 지휘관이었다. 한편 프랑스인들에게 나폴레옹은 프랑스 혁명의 가치를 지켜낸 지도자이면서 앞선 부르봉 왕조였다면 몹시 비난받았을 법한 전횡을 행사한 통치자이기도 했다. 그는 사실상 유럽의 모든 주요 도시를 공격하거나 점령했다. 런던만은 예외였는데 170년 후 포클랜드 제도를 탈환한 영국 해군만이 그를 막을 수 있었다. 마침내 두 번이나 사로잡힌 나폴레옹은 유배지로 보내졌는데 처음에는 엘바 섬이었고, 그 다음은 남대서양 세인트헬레나 섬이었다.

TIP

보너스 지식 하나. 세인트헬레나는 영국의 해외 식민지 가운데 버뮤다 다음으로 가장 오래된 영토다.

세인트헬레나 섬은 영국이 인도 및 호주와 무역을 하는 데 매우 중요한 역할을 했다. 19세기 무렵, 범선들은 혼곶이나 희망봉을 돌아갈 때 서쪽에서 동쪽으로 도는 것이 더 쉽다는 것을 깨달았다. 인근 위도 부근에서 편서풍이 주로 불기 때문이다. 하지만 어떤 경로로 가든 세인트헬레나 섬은 육지에서 멀리 떨어져 있었고, 호주나 인도까지 갔다가 영국으로 돌아가는 배들이 머무르기에 가장 이상적인 위치에 있었다. 육지에서 멀다는 점이 나폴레옹에게는 불리했다. 그는 1821년 5월 5일 그곳에서 숨을 거두었다.

트린다지 이 마팀바스(Trindade e Martim Vaz) 제도는 현재 브라질의 영토다. 면적은 겨우 4제곱마일(약 10.3제곱킬로미터)이고 현재 인구는 서른 두 명밖에 안 되지만, 그 역사만큼은 정말 흥미진진하다. 이곳을 처음 발견한 사람은 에드먼드 핼리다. 76년 만에 한 번씩 지구와 가까워지는 핼리 혜성을 발견한 바로 그 핼리다. 1781년 10월 21일 영국의 전함 래틀스네이크 호가 이곳에서 난파했다. 당시 래틀스네이크 호는 이곳이 영국의 기지로 적합한지 여부를 조사 중이었다. 그러던 중 닻이 고정되지 않고 끌리는 바람에 배가 육지에 처박힐 위기를 맞았다. 기적적으로 배를 돌렸지만 이번에는 바다 쪽에서 솟아난 암초에 걸리고 말았다. 선장은 선원들의 목숨을 구하고자 어쩔 수 없이 배를 해변가에 좌초시켰다.

하지만 트린다지 이 마팀바스 제도가 미국인들 사이에서 유명해진 이유는 따로 있다. 어느 미국인이 이 섬들이 자기 소유라며 스스로 이 섬의 군사 독재자 제임스 1세임을 자처하고 나선 것이다. 제임스 하든 히키의 기행은 여기서 그치지 않았다. 그는 국기도 만들고 국가를 상징하는 문장(紋章)과 국새도 만들었으며 뉴욕 37번가에 외교공관도 열었다. 그는 트린다지(Trindade)에서 마음대로 'e'를 뺐다. 하지만 그의 원대하고 이상한 계획은 실현되지 않았고 그와 그의 독재 국가도 사람들의 기억에서 사라졌다.

세계 최남단 국가가 어디냐는 질문을 할 때에는 가령 '극지방 제외' 등의 조건이 필요하다. 사람들의 답은 대략 셋으로 갈린다. 뉴질랜드, 칠레, 아르헨티나. 뉴질랜드는 그럴듯하지만 답이 아니다. 아르헨티나는 세계 최남단 도시 우수아이아가 아르헨티나에 있고 크루즈 관광객들에게 많이 알려져 있기 때문에 착각하기 쉽지만 역시 답이 아니다. 답은 칠레다. 보통 혼곶을 세계 최남단 지점이라고 한다.

혼곶이라는 이름은 네덜란드의 도시 '호른'에서 왔다. 호른(Hoorn)은 영어의 혼(Horn, 뿔)과 비슷하기 때문에 많은 사람들이 혼곶이 위치한 섬이나 혼곶이 뿔 모양일 거라고 상상하곤 하지만 그렇지 않다. 혼곶의 이름에 얽힌 재미있는 일화가 또 하나 있다. 칠레인들이 혼(Horn)을 호르노스(Hornos)라고 표기하는데, 호르노스는 스페인어로 '오븐'을 뜻하기 때문에 스페인어 지도 상에서 혼곶은 카보데 호르노스, 즉 '오븐 곶'으로 읽힌다.

사실 혼곶의 남서쪽에도 작은 섬들이 흩어져 있다. 값진 화물을 노리는 해적들이 즐겨 숨어들었지만, 파도가 높고 바람이 강한 데다 때때로 빙하가 떠내려오기 때문에 숨어 있기 그리 적합한 조건은 아니다. 그중 디에고 라미레스 제도를 남아메리카 대륙의 연장으로 볼 것이냐 별도의 섬들로 볼 것이냐는 (적어도 내게는) 토론의 여지가 있지만, 어느 쪽이든 칠레의 영토이니 최남단 국가가 어디냐는 질문의 답은 달라질 것이 없다.

사우스샌드위치 제도의 불량 해적들이 먹을 법한 피크닉 샌드위치

"인생에서 한 잔의 차를 마시는 오후 한때만큼 기분 좋은 시간은 드물다."
_헨리 제임스[01]

◆ 불량 해적들의 피크닉 샌드위치

샌드위치 제도는 영국령이므로 영국인들의 전통적인 티타임에 어울릴 만한 샌드위치를 만들어보자. 아침부터 열심히 일한 후 잠시 한숨 돌릴 수 있는 이 시간을 영국인들은 정말로 소중히 여긴다. 여름 뙤약볕이 내리쬐는 들판에서 돌아와 가족들과 간단하게 다과를 즐긴 후 다시 일터로 나가 해질녘까지 일하는 농부들을 생각해보라!
그러다가 문득 내가 영국의 전통을 제대로 구현할 리가 없다는 생각이 들었다. 나는 뭐든 내 방식대로 해왔고 내가 만드는 샌드위치도 전통적인 티타임과는 어울리지 않는다. 빵의 겉껍질은 잘라내지도 않고, 여러 가지 맛이 뒤죽박죽 섞여 있으며, 평범한 흰 빵은 절대로 쓰지 않는다. 애초에 '샌드위치들'이 아니라 엄청나게 큰 샌드위치 한 개밖에 못 만드는 레시피다. 영국인들이 소중히 여기는 영역에 불쑥 끼어든 근본없는 존재라니 해적이 생각났다. 교양 있는 티타임과는 어울리지 않는 해적들도 피크닉 정도는 갈 수 있지 않을까. 크고, 식감이 거칠고, 발효식빵 특유의 풍미와 더불어 여러 가지 개성이 톡톡 튀는 재료들을 벽돌로 눌러 만든 샌드위치는 소풍 나온 해적들의 요깃거리로 안성맞춤이다. 아니면 우아한 티타임 예절을 채 익히지 못한 사내아이들과의 소풍 도시락은 어떨까. 어차피 그런 예절 따위 나도 잘 모르는데……!
하루 전에 미리 만들어두어도 좋지만 페타 치즈만큼은 먹기 한 시간 전에 발라야 한다. 빵이 눅눅해져도 안 좋지만 재료들이 골고루 섞이고 빵에 맛이 스며들 시간이 필요하다. 빵은 겉은 딱딱하고 잘라보면 구멍이 숭숭 뚫린 발효 빵을 권한다. 빵의 크기나 모양은 각자 취향대로 고르시길.

– 재료
- 겉이 단단한 크고 먹음직스러운 빵
- 디종 머스타드 1큰술
- 발사믹 식초 3큰술
- EVOO ½컵

---

01 1843~1916년. 미국의 작가. 작품으로는 《여인의 초상》, 《데이지 밀러》 등이 있다.

• 소금과 후추 약간
• 올리브 페이스트 ½컵, 올리브 페이스트는 시판되는 제품을 사용해도 되고 아래에 레시피를 따라 만들어도 된다.
• 가지 약 6mm 두께로 둥글게 썬다. 오일을 발라 170~180℃에서 가지가 부드러워질 때까지 노릇하게 굽는다. 너무 마르지 않도록 12~15분 정도가 적당하다.
• 양념된 아티초크 하트[02], 물기를 빼고 적당히 썬다.
• 신선한 시금치 이파리 한 다발(약 두 컵)
• 신선한 바질 한 다발, 길쭉하고 가늘게 채 썬다.(약 한 컵)
• 구운 파프리카 세 개(14장 레시피 참조)
• 페타 치즈[03] 스프레드(레시피 참조)
• 프로슈토[04] 230g, 얇게 썬다.
• 살라미 110g, 얇게 썬다.

◆ 올리브 페이스트

– 재료
• 블랙 올리브 ½컵
• 그린 올리브 ½컵
• 칼라마타 올리브[05] ½컵
• EVOO 1큰술
• 케이퍼[06] 2작은술(소금기가 너무 많다 싶으면 헹궈서 사용한다.)

– 나만의 비법
• 푸드 프로세서에 블레이드를 끼우고 세 종류의 올리브와 EVOO를 같이 넣고 돌린다.
• 기계를 멈추고 케이퍼 2작은술을 넣으면 언제든 샌드위치에 발라 먹을 수 있다. 남은 양은

---

02 국화과의 식물. 꽃이 피기 전의 봉오리 부분을 식용으로 쓰는데, 겉을 덮고 있는 꽃잎 부분과 가운데 보라색 봉우리(choke) 부분을 제거한 하트(heart) 부분만 먹을 수 있다.
03 양유 또는 양과 산양유의 혼합유로 만든 그리스식 치즈. 소금물에 담가서 만들기 때문에 짠맛이 나는 하얀 두부 모양이다.
04 이탈리아식 말린 햄. 파르마 지역에서 생산된 프로슈토 디 파르마가 특히 유명하다.
05 그리스 펠로폰네소스 메시니아 주의 주도 칼라마타에서 나는 올리브. 주로 와인 식초나 올리브 오일에 담가 먹는다.
06 지중해 연안에서 자라는 식물. 꽃봉오리와 열매를 식용으로 사용하는데 주로 피클을 만든다. 연어 요리와 함께 나오는 작은 콩 크기의 피클은 봉오리 부분이다.

크래커나 치즈와 먹어도 좋다. 아니면 소풍 갈 때 가지고 간다.

◆ 페타 스프레드

- 재료
- 으깬 페타 치즈 한 컵
- 마요네즈 ½컵
- 마늘가루 1작은술
- 애플사이다 식초 1큰술

- 나만의 비법
- 작은 볼에 재료를 모두 담아 섞는다. 최소 한 시간에서 최대 3일까지 두고 먹을 수 있다.

◆ 샌드위치 만들기

세로로 빵을 갈라 위아래 큼직한 덩어리로 자른다. 가운데 부분을 자르거나 파낸다.(파낸 빵은 남은 올리브 페이스트와 함께 먹어도 좋다.)
재료를 쌓는 순서가 특별히 정해져 있지는 않지만, 내가 만드는 방법을 소개하겠다.

- 재료
- 올리브 페이스트
- 시금치 준비한 분량의 반
- 가지
- 파프리카 또는 피망
- 아티초크
- 바질 준비한 분량의 반
- 페타 스프레드 준비한 분량의 반
- 살라미
- 프로슈토
- 페타 스프레드 나머지
- 시금치 나머지
- 바질 나머지

- 나만의 비법
- 올리브 페이스트를 아래쪽 빵에 바른다.

• 준비한 시금치의 반을 얹고, 가지, 파프리카(피망), 아티초크, 준비한 바질의 절반을 순서대로 올리고 나머지 올리브 페이스트를 바른다.
• 살라미와 프로슈토를 얹고 남은 페타 스프레드를 바른 후 남은 시금치와 바질을 쌓고 위쪽에 빵을 얹는다.
• 유산지나 알루미늄 포일로(가능하면 두 겹으로) 싼다. 유산지를 쓸 경우 마스킹 테이프로 봉한다. 샌드위치를 베이킹 팬에 올린 후 대형 주물 팬으로 눌러둔다. 필요하다면 묵직한 물건(가령 큰 캔 두어 개)을 더 얹는다. 누르는 시간은 최소 한 시간 이상, 두 시간을 넘지 않도록 한다.
• 종이나 랩을 벗기고 잘라서 먹는다! 아니면 해적처럼 터프하게 한입에!

14
매운맛을 사랑하는 나라들

- 유럽에서 가장 오래된 언어와 그 사용지역은?
- 한국전쟁 당시, 유엔군이 북한군의 허점을 노려 기습적인 상륙작전을 벌인 곳은?
- 프랑스의 식민지였다가 이후 베트남, 캄보디아, 라오스로 독립한 지역의 이름은?
- 멕시코의 남쪽 국경과 접한 나라는?
- 대서양과 태평양을 잇는 운하를 건설하기 위해 파나마의 대안으로 고려되었던 중앙아메리카 국가는?
- 헝가리의 수도를 부다와 페스트로 나누는 강은?
- recipe. 아메리카 대륙으로부터 시작된 매운맛 요리

세상에는 뉴스나 신문에 거의 나오지 않는 조용한 지역이 있는가 하면, 머리기사에 밥 먹듯이 등장하는 소위 '핫스팟' 지역들도 있다. 이런 지역들은 주로 테러, 혁명, 심지어 전쟁 같은 사건과 관련이 있다. 나는 고등학교 지리 시간에 이런 지역을 따로 다루는 과정이 생겨야 한다고 생각한다. 그래야 미국인들이 만성적인 분쟁 지역에 대한 외교 정책이 어떤지 (혹은 과연 그런 외교 정책이 있기나 한지) 제대로 파악할 수 있을 테니 말이다. 어떤 지역은 아주 잠깐 소요나 정치적 불안에 휩쓸린 이후 수백 년간 사람들의 입에 오르내리기도 하고, 어떤 지역은 간헐적으로 끊임없이 분쟁이 지속되기도 한다. 영구적인 분쟁 지역 중 하나가 바로 프랑

스와 스페인에 걸쳐 있는 '바스크 지방(Basque Country)'이다. 스페인령 바스크가 더 넓고 경제적으로 풍족하지만 최근에는 프랑스령 바스크도 전 세계에 흩어져 있던 부유한 바스크인들이 은퇴 후 이주하면서 그 어느 때보다 활기를 띠고 있다.

프랑스령 바스크 지방은 세계에서 가장 아름다운 곳이다. 바스크인들은 아주 오랜 기간 독립 국가로 인정받기 위해 애썼다. 독립에 대한 염원에서 비롯된 폭력사태는 대부분 스페인 바스크 지방에서 발생했다. 비록 지금은 소강상태이지만, 스페인 내 또 다른 분리요구 지역인 카탈로니아와 스코틀랜드의 민족주의 확산을 목격한 바스크인들이 다시 독립을 요구할 가능성이 높다.

ETA(Euskadi Ta Askatasuna)는 바스크 분리파의 군사조직이다. 1950년대에 결성된 ETA는 이후 목표와 조직구성에 변화를 겪었다. 2011년 ETA는 '휴전'을 선언했다. 하지만 이미 800여 명이 테러로 희생된 후였다. 바스크인들 내에서 ETA에 대한 지지율은 극히 미미한 상황이다.

바스크어가 유럽에서 가장 오래된 언어임은 거의 확실하다. 바스크어는 여타 어떤 유럽 언어와도 뚜렷한 관계가 없다. 바스크의 개성을 드러내는 상징물이나 명소들은 다양하지만 아마도 가장 널리 알려지고 친숙한 것은 이 지역의 붉은 고추일 것이다.[01] 주거용 가옥이나 가게에 주렁주렁 엮은 고추가 매달려 있는 광경을 어렵지 않게 볼 수 있다. 하지만 고추의 원산지는 바스크가 아니라 아메리카 대륙이다.

콜럼버스는 아메리카 대륙으로부터 칠리 고추를 비롯한 여러 가지 식

---

01 바스크 지방의 대표적인 고추는 에스펠레트 페퍼(Espelette Peppers) 또는 피망 데스펠레트(Piment d'Espelette)라고 한다. 한국 고추보다는 통통하지만 국내 일반 시판되는 피망보다는 길고 가는 편이며 매운맛이 난다. 장식용으로 쓰기도 하고 가루, 퓨레, 피클 등으로 사용하기도 한다.

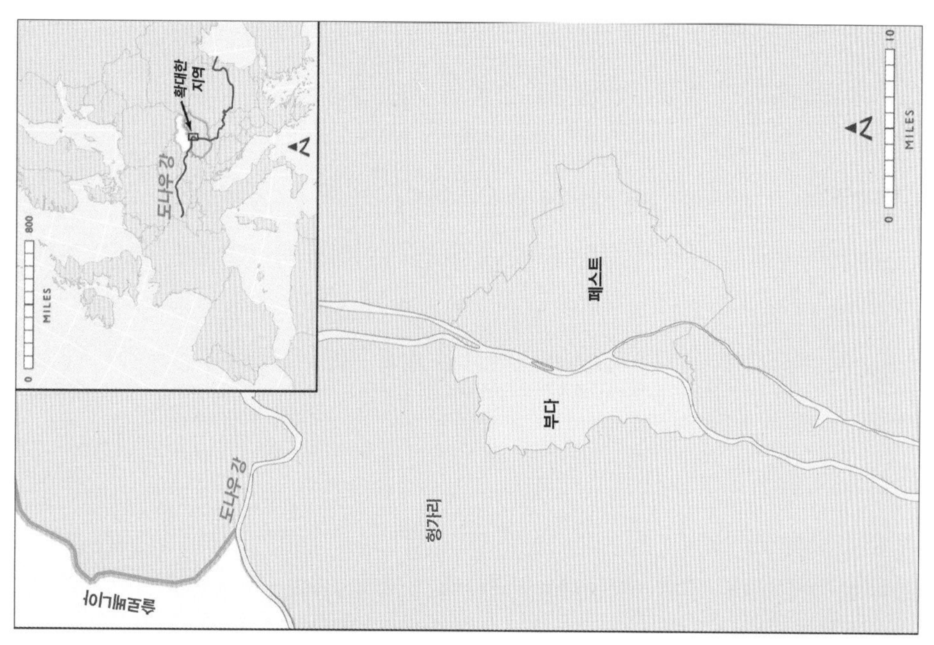

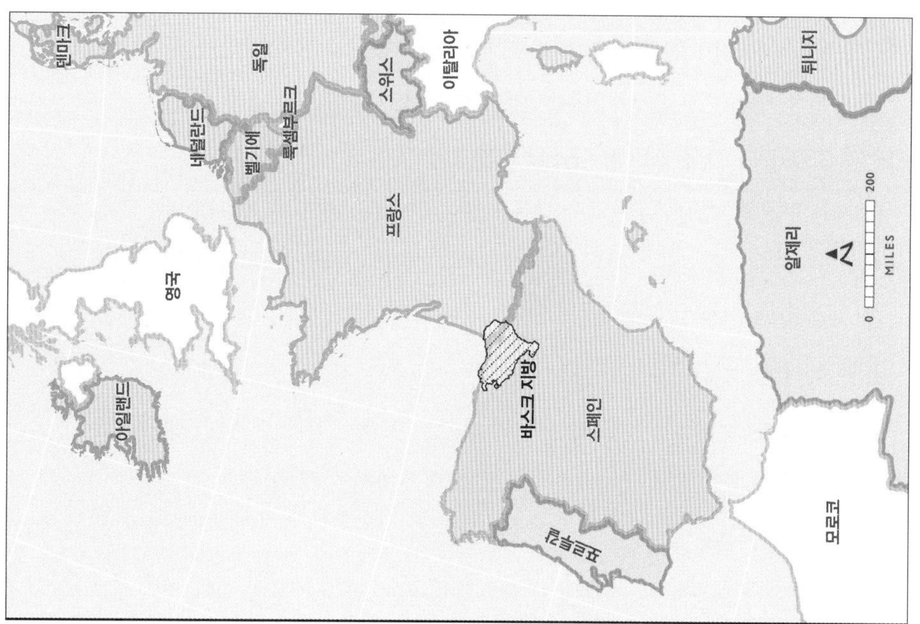

부다페스트와 도나우 강(위) / 바스크 지방(아래)

물(옥수수, 감자, 초콜릿, 바닐라)을 유럽으로 가지고 갔지만, 이들이 유럽에서 중요한 작물로 자리 잡기 시작한 것은 수백 년 후다.

한국은 한때 '은자의 나라'라고 불렸다. 한반도는 동아시아의 전통적 군사강국인 중국과 일본 사이에 위치해 있다. 그 사이에서 독자적 생존을 모색하던 한국 사회는 외부와의 교류를 제한한 채 문화적, 인종적 순수성을 강조했다. 산이 많은 한국의 지형 또한 외부로부터의 침략을 차단하는 역할을 했다. 하지만 일본은 한국을 무력으로 병합해 2차 세계대전이 끝날 때까지 점령했다.

2차 대전 기간 동안 일본은 40만 명의 한국인들을 일본으로 끌고 가 전쟁에 동원시켰고, 이들 중 다수는 석탄광에서 광부로 일했다. 한국인들은 강제로 일본식 이름으로 개명하는 등 어느 정도 일본 사회에 동화되기도 했다. 하지만 일본에서 영업하던 한국인 상점들은 간판이나 문 앞에 독특한 방식으로 붉은 고추를 내걸며 한국인임을 드러냈다. 붉은 고추와 고추장은 한국 요리에 사용되는 전통적인 식재료다.

1945년 일본의 패망 후, 한국은 남북으로 갈라졌다. 1950년 북한의 남침으로 한국군과 유엔군은 거의 한반도 끝자락까지 밀려났다. 하지만 당시 유엔군 총사령관이던 맥아더 장군이 한국의 서해안에 위치한 인천에 상륙을 지시했다. 북한군의 허점을 노린 이 작전으로 전세는 뒤집혔다.

1953년 맺은 정전협정에도 불구하고 북한은 계속 전시 상태임을 주장하고 있다. 남북한 간의 분계선은 지금도 세계에서 가장 첨예한 긴장감이 감도는 곳이다.

인도차이나라는 이름은 동남아시아의 프랑스 식민지 지역을 일컫는 말이었다. 예로부터 중국과 인도의 영향을 많이 받은 지역이니 아주 틀린 명칭은 아니다. 이 지역의 상황은 지금도 불안한 상태다. 여러 민족(특히 국경 지역을 중심으로), 부족은 물론 서로 다른 종교를 가진 집단들 사이에 늘 현실적 혹은 잠재적인 분쟁이 끊이지 않는다. 이슬람교, 불교, 힌두교 신자들이 혼재하며, 심지어 일부 지역에는 기독교를 표방한 집단들도 있다.

일부 정치 관측자들은 이곳에 언제라도 전쟁의 불길이 치솟을 수 있는 '화약고'가 존재한다고 말한다. 과거 포르투갈의 식민지였던 동티모르는 기독교 국가지만 이슬람 국가인 인도네시아에 둘러싸여 있다. 포르투갈로부터 독립을 선언하고 인도네시아의 무력을 앞세운 강제 점령을 겪은 후, 동티모르는 국민투표를 통해 다시 독립국가가 되었다. 인도네시아의 점령 당시 폭정으로 동티모르 전체 인구 80만 명 가운데 20만 명이 숨졌다는 기록도 있다. 인도네시아는 자원이 풍부한 서 뉴기니의 거센 독립요구에도 무력으로 대응했다. 한편 동남아시아의 또 다른 국가들인 베트남, 라오스, 캄보디아는 모두 끔찍한 내전을 겪었다는 공통점이 있다. 하지만 가장 일촉즉발의 상황에 놓인 곳은 아마도 이슬람 분리주의자들과 정부군이 충돌하는 태국 남부일 것이다.

동남아시아는 유럽의 세 개 강국에 의해 식민 지배를 받았다. 네덜란드(보르네오 일부를 제외한 지금의 인도네시아), 영국(현재 버마라고도 불리는 미얀마, 지금의 말레이시아인 말라야, 싱가포르), 프랑스(베트남, 라오스, 캄보디아)였다. 이 지역에서는 시암왕국(지금의 태국)만이 식민 지배를 받지 않았다. 사하라 이남 아프리카에서처럼 강대국들은 현지 주민들의 상황은 고려하지 않고 자기들 편이에 따라 국경을 정했다. 전쟁이 끝나고 새롭게 독립한 국가들은 서로 다른 언어, 종교, 배경을 가진 주민들이 한데 뒤섞여 큰 혼란을 겪었다. 이 지역의 정치적 불안은 당분간 해결이 요원해 보인다.

그 와중에서도 동남아시아의 음식 문화, 나아가 문화 전체를 아우르는 공통 분모는 고추다. 비록 한국이나 바스크 지방처럼 문화적인 아이콘으로 자리 잡지는 못했지만, 고추가 일반적으로 널리 사용되고 있는 것만은 사실이다. 북아메리카와 유럽에서 흔히 볼 수 있는 타이 레스토랑의 메뉴판에는 요리마다 고추가 얼마나 들어있느냐에 따라 '매운맛, 중간 맛, 순한 맛'을 표시해두는 경우를 종종 볼 수 있다. 내 개인적인 경험에 따르면 미얀마 요리에는 타이 요리보다 고추가 훨씬 다양하게 사용된다.

과테말라는 멕시코 남쪽 국경에 접해 있다. 아이젠하워 행정부 시절, 미국 CIA는 과테말라를 라틴아메리카 지역의 첫 번째 목표로 삼고 하코보 아르벤스 정부를 전복시키기로 결정했다. 1944년 라틴아메리카에서 가장 억압적인 독재정권이 시민들의 저항으로 무너지고, 토지개혁을 비롯한 민주주의 혁신이 이루어진 후 1950년에 대통령으로 당선된 아르벤스는 개혁정책을 이어갔지만 앨런 덜레스 국장 휘하의 CIA는 과테말라가 소련의 꼭두각시라고 판단한 것이었다.

CIA를 통해 아이젠하워 행정부의 지원을 받은 쿠데타가 일어났고 과테말라는 이후 반세기 동안 내전에서 헤어 나오지 못했다. 내전의 양상이 긴박하게 변화해가는 와중에 농촌 지역의 토착민들(주로 마야인들)까지 개입해 미국의 비호와 훈련을 받은 군부에 맞섰다. 1996년 이후 상황은 안정되어가고 있지만, 과테말라는 여전히 잠재적인 위험 지역이면서 5,000년 이상 고추를 재배해온 지역이기도 하다는 점에서 앞서 소개한 지역들과 공통 분모를 갖는다.

파나마 지협을 횡단하여 태평양과 대서양을 잇는 약 80킬로미터 길이의 파나마 운하.

한편 프랑스가 파나마 운하를 포기한 후 공사를 넘겨받은 미국은 니카라과를 통해 대서양과 태평양을 잇는 대안을 심각하게 고려했었다. 니카라과는 두 개의 큰 담수호가 있어서 운하시스템에 활용할 수 있기 때문에 비용과 건설 난이도 측면에서 유리할 수도 있다고 판단한 것이다. 하지만 니카라과에는 활화산이 몇 군데 있었고 미국 정부는 화산폭발로 운하가 파괴될 수도 있다는 점 때문에 결정을 꺼렸다.

파나마 운하 건설은 매우 까다로운 공사였다. 특히 설계가 관건이었다. 파나마 운하도 수에즈 운하처럼 해수면과 동일한 높이로 만들 것이냐 아니면 수문을 만들어 수위를 조절할 것이냐를 두고 설계전문가들 사이에 치열한 공방이 오고갔다. 프랑스는 해수면과 동일한 높이를 고집했다. 처음 공사를 넘겨받았을 때는 미국도 마찬가지였다. 엔지니어들은 수문이 없는 해수면과 동일한 높이의 수로 건설은 불가능했으리라

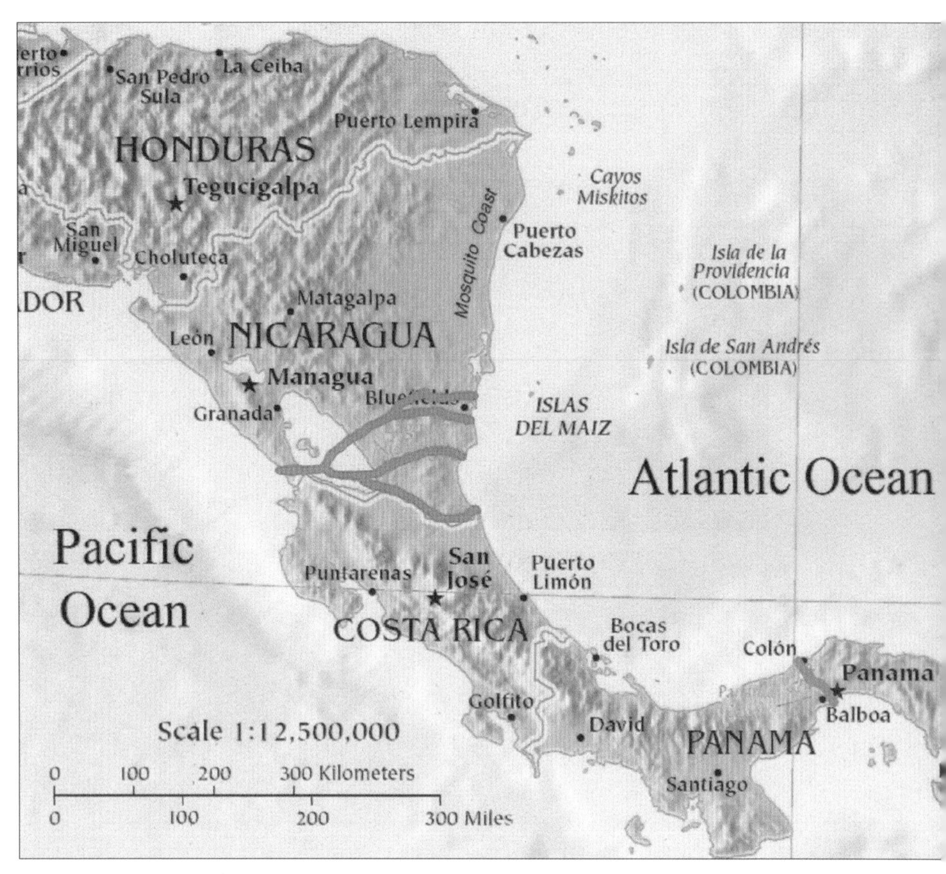

니카라과 운하 공사 제안도.(출처: Worldcrunch)

는 점에 대체로 동의하는 것 같다.[02]

파나마 운하는 현재 수문확장 공사가 진행 중이며 2016년 공사완료

02 파나마 운하는 해발 26~28미터 높이의 가툰 호수를 중심으로 대서양과 태평양쪽에 여러 단계의 수문 장치가 있다. 수문 개폐로 수문과 수문 사이의 수위가 높았다 낮아지면서, 배가 계단을 오르내리듯 해수면보다 높은 호수를 통과한다.

예정이다.[03] 한편 중국의 한 회사가 니카라과 정부와 운하공사 계약을 체결함으로써 파나마 운하에 경쟁 수로가 등장할 전망이다. 중국 회사는 2014년 말 공사를 시작했고 예상 공사 기간은 5년이다.

헝가리는 1956년 반소련 봉기로 전 세계의 이목을 끌면서 새로운 분쟁지역으로 떠올랐다. 봉기는 소련의 대규모 무력침공으로 진압되었지만 2차 대전 이후 헝가리에 들어선 공산 정권의 개혁을 불러일으켰다. 헝가리 봉기는 소련의 철의 장막에 최초로 나타난 균열이었고 동유럽에 대한 소련의 지배 체제를 무너뜨린 첫걸음으로 평가받고 있다.

헝가리는 유럽 내에서도 특이한 존재다. 헝가리어는 인도유럽어족이 아닌 우랄어족에 속하고, 헝가리인들은 스스로를 마자르라고 부른다. 마자르족은 우랄산맥 동쪽에서 나타나 서쪽으로 이동했으며 서기 900년경 유럽에 정착했다. 헝가리는 유럽 내에서 인도유럽어를 사용하지 않는 가장 큰 언어 집단이다.

헝가리의 수도 부다페스트는 부다와 페스트라는 두 도시로 이루어져 있는데 그 사이를 도나우 강이 흐르고 있다. 비록 두 부분으로 나뉘어져 있지만, 다양한 종류의 칠리고춧가루를 사용한다는 공통점이 있다.

어떻게 해서 고추가 한국, 헝가리, 바스크, 중앙아메리카, 동남아시아 등 다양한 지역에서 널리 사용되고, 심지어 한 민족을 상징하는 의미까지 갖게 되었을까? 한편으로는 왜 프랑스, 이탈리아, 그리스 요리나 영국 음식(영국 요리라는 말은 모순이므로 사용하지 않겠다)에는 고추가 그만큼 중

03 2016년 6월 26일(현지 시간) 재개통했다.

요시되지 않는 걸까? 질문에 대한 답은 아니지만, 이 나라들도 서서히 매운맛의 매력을 알아가고 있는지도 모른다. 미국에서는 근래 매운 칠리소스가 큰 인기를 얻으면서 일반 대중식당 테이블에 케첩과 머스터드 곁에 나란히 놓여 있는 모습을 심심찮게 볼 수 있다.

TIP

어느 유명한 인류학자가 말하길, 북유럽에서 많이 소비되는 낙농제품이 고추의 자극적인 맛을 둔화시키기 때문에 상대적으로 고추를 사용한 요리가 많지 않다고 한다.

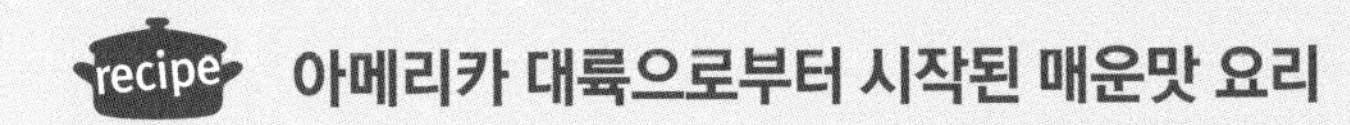

아메리카 대륙으로부터 시작된 매운맛 요리

"음식에 대한 사랑보다 더 진실한 사랑은 없다." _조지 버나드 쇼

◆ 파프리카 양파 잼

역시 우리 가족이 좋아하는 파프리카 양파 잼은 마늘향이 풍부한 아이올리나 크리미한 식감의 산양치즈를 바른 빵에 얹어 크로스티니[01]로 먹을 수 있다. 립 아이 그릴구이, 돼지등심 로스트, 피시 타코와 잘 어울린다. 아니면 부르생 치즈[02], 차이브[03]와 함께 오믈렛에 넣어 먹어도 훌륭하다. 늘 넉넉하게 만드는데도 언제나 모자라는 느낌이라서, 혹시 가능하다면 제시된 분량의 두 배를 만들어두어도 좋다. 재료를 잘게 다지면 핫도그나 햄버거에 양념처럼 들어가는 렐리시[04]가 된다. 이렇게 만든 렐리시를 폴란드 소시지[05]를 끼운 달콤한 빵에 얹었더니 근사한 핫도그가 되었다. 하지만 나는 재료가 씹히는 식감을 좋아해서 보통은 약간 큼직하게 썬다. 시판되는 로스트 파프리카 대신 파프리카를 직접 구워보고 싶은 사람들을 위한 레시피도 준비했다.

– 약 두 컵 분량

– 재료
- EVOO 3큰술
- 큰 양파 두 개, 중간 크기(1.3cm 내외)로 썬다.
- 파프리카 네 개(빨강, 주황, 노랑), 구워서 껍질을 벗긴 파프리카를 양파와 비슷한 크기로 썬다.
- 마늘 네 쪽, 얇게 썬다.
- 셰리 식초[06] 3큰술

---

01 작은 빵 위에 토핑을 얹어 먹는 이탈리아식 에피타이저.
02 마늘, 허브 등의 향을 가미한 부드러운 식감의 치즈를 만드는 프랑스 치즈 브랜드.
03 양파 속의 식용식물. 부추와 비슷하게 생겼으며 잘게 썰어 음식에 향과 색을 내는 토핑으로 사용된다.
04 한 가지 또는 여러 가지의 야채, 과일을 다져서 만드는 피클. 햄버거 등에 곁들이는 양념, 소스 재료 등으로 사용된다.
05 미국에서 판매되는 폴란드 소시지는 다진 고기를 여러 가지 향신료로 양념한 훈제 소시지가 대부분이다.
06 셰리 와인으로 만드는 와인식초. 최소 6개월 이상 오크통에 숙성시켜 만든다.

- 바닐라 익스트랙트 1큰술
- 훈제 파프리카 가루 2큰술

– 나만의 비법

- 크고 바닥이 두꺼운 프라이팬에 기름을 붓고 중약 불에 가열한다. 양파를 넣고 부드러워질 때 까지 5~7분가량 뚜껑을 덮고 가열한다.
- 뚜껑을 열고 불을 중간 세기로 올린 후 가끔 저어주면서 가열한다. 갈색을 띠기 시작하면 마늘을 넣고 1분가량 저으며 섞어준다.
- 파프리카를 넣고 3분 정도 더 저으면서 가열한다. 프라이팬 가운데 빈 공간이 생기도록 재료를 팬 가장자리로 밀어내고 셰리 식초와 바닐라 익스트랙트를 빈 공간에 붓는다.
- 훈제 파프리카 가루를 넣고 잘 저어서 모든 재료의 풍미가 잘 섞이도록 한다. 수분이 사라질 때까지 약 5~7분간 더 조리한다. 따뜻할 때 바로 먹어도 되고, 냉장고에서 일주일까지 두고 먹어도 된다.

– 파프리카 굽기

- 기왕 오븐을 작동시키는 김에 두루두루 쓸 수 있도록 한꺼번에 많이 만들어보자. 구운 파프리카는 얼렸다가 수프, 오믈렛, 샌드위치, 스터프라이(재료를 센 불에 재빨리 볶아내는 조리법) 등에 다양하게 활용할 수 있다.
- 오븐을 230℃로 예열한다.
- 파프리카를 반으로 가르고 하얀 심과 씨를 제거한다.
- 유산지를 깐 베이킹 팬 위에 파프리카를 단면이 아래로 오도록 놓는다.
- 파프리카의 껍질이 검게 그을 때까지 20~25분간 구운 후 오븐에서 꺼낸다.
- 주방용 집게로 구운 파프리카를 종이 봉지에 넣고 봉지 안에 수분이 맺히도록 입구를 말아서 봉한다.
- 파프리카가 식으면(약 10~15분 후) 종이봉투를 열고 꺼내 껍질을 벗긴다.

◆ 고수-라임 소스에 찍어 먹는 크리스마스이브용 닭 날개 구이

매년 크리스마스이브가 되면 우리 가족은 전통처럼 닭 날개를 구워 크리스마스 페투치네, 타이 시저 샐러드와 함께 먹는다. 강렬한 스리라차 소스와 커민, 오레가노, 그리고 재료의 개성이 한데 어우러지게 하는 부드러운 바닐라는 필수! 양념이 듬뿍 밴, 쿠바와 아시아의 정취가 느껴지는 닭 날개 구이에 상큼한 고수-라임 소스를 곁들여 입맛을 돋워보자. 스리라차는 태국 동부 촌부리 지역 해변 도시인 시라차에서 유래한 매운 소스다. 대형 슈퍼마켓 수입 식재료 코너에서 구할 수 있다.
시간 여유가 있다면 닭 날개는 하루 전에 미리 양념해둘 것을 권한다. 양념이 배어들어 확실히 맛의 차이를 느낄 수 있다. 소스도 재료들이 잘 섞여들도록 하루 전날 만들어둔다. 취향에 따라 튀기지 않고 바로 오븐에 구워도 상관없다. 단 여기에 적힌 레시피보다 5분에서 10분

더 오래 굽는다. 우리 가족은 "뭐든 튀기면 맛있다!"라는 말을 맹신하는지라 늘 중간에 한 번 튀긴다.

– 재료

- 닭 날개(부위별로 나누지 않고, 관절이 모두 붙어 있는 통 날개) 약 4.5kg
- 커민[07] 가루 1큰술
- 오레가노[08] 가루 1작은술
- 바닐라 익스트렉트 1큰술
- 코셔 소금 2큰술
- EVOO ⅓컵
- 타피오카 가루(또는 옥수수 전분) 1에서 1½컵
- 튀김용 식용유(나는 EVOO를 사용하지만 땅콩기름이나 식물성 식용유도 상관없다.)
- 가염버터 16큰술(케리골드 브랜드가 가장 좋다)
- 스리라차 소스 1컵
- 흑설탕 2큰술

크리스마스이브용 닭 날개 구이

– 나만의 비법

- 작은 볼에 재료를 전부 담고 섞는다. 뚜껑을 덮어 냉장고에 최소 한 시간에서 하룻밤 둔다.

---

07 커리, 케밥, 탄두리 치킨에 사용되는 맵고 자극적인 향신료. 열매가 완전히 익기 전에 수확한 씨를 말려 그대로 사용하거나 가루로 만들어 사용한다. 소화를 촉진시키는 효과가 있다.

08 요리용 허브. 이파리를 말려서도 쓰고 생으로도 사용한다. 달콤한 향과 쌉싸름한 맛이 특징이며 재배 환경에 따라 매우 강한 맛을 내기도 한다. 피자, 샐러드에서 고기, 생선 요리까지 다양하게 사용된다.

15
종교의 자유와 세계 지리

- 퀘이커 친우회의 회원이 세운 식민지로 이후 미국의 주가 된 곳은?
- 재세례파에 속하며 미국과 캐나다에 대규모로 정착한 세 종파는?
- 잉글랜드에서 이주한 기독교 집단으로, 신자들에게 금욕을 요구한 종파는?
- 종종교적 탄압을 피해 이주한 종교지도자가 세웠으며 미국에서 가장 이름이 긴 주는?
- 처음에는 박해를 피해 잉글랜드에서 이주한 가톨릭 신자들의 도피처였지만 나중에는 가톨릭교도들의 투표권을 인정하지 않았으며 1820년까지 그들의 이주를 제한한 주는?
- recipe. 다양한 종교인을 한데 모아줄 만능 요리

지금의 미국에 가장 먼저 정착한 사람들은 영국(잉글랜드)인들이었다. 흔히 초기 정착민들이 종교의 자유를 찾아서 이주했다고 생각한다. 모든 경우에 해당되지는 않지만 이렇게 일반화시키는 데는 그럴 만한 이유가 있다. 1620년 메이플라워 호를 탄 영국인, 즉 필그림들이 아메리카 대륙으로 건너올 무렵, 잉글랜드는 내전과 혁명을 거쳐 심지어 국왕이 처형되는, 어마어마한 종교적 격변을 겪었다. 한 국왕의 치세에 특혜와 비호를 누리던 종파가 그 다음 국왕의 치세에는 박해를 받곤 했던 것이다.

박해를 피해 아메리카 대륙으로 건너온 종파 중 하나는 친우회, 통칭 퀘이커 교도들이다. 퀘이커 신자들에게는 몇 가지 흥미로운 점이 있다.

TIP

필그림들은 종교의 자유를 찾아 이주한 것이 아니다. 종교의 자유가 목적이었다면 네덜란드에 정착할 수도 있었다. 따라서 그들의 이주는 경제적 이윤을 기대한 상업적 판단이었다고 볼 수 있다.

영국이나 유럽 대륙의 다른 소규모 교단들과는 달리, 퀘이커 신자들은 일부가 아메리카 대륙으로 이주한 이후에도 본국에서 명맥을 유지하며 교세를 넓혔다. 1680년 당시 퀘이커 교도는 잉글랜드와 웨일스 인구의 1퍼센트가 넘었는데 당시는 이미 퀘이커 교도들이 아메리카 식민지 로드아일랜드와 펜실베이니아 두 곳에 정착을 시작한 후였다. 펜실베이니아는 개인에게 인가된 가장 넓은 땅이었고 그 땅을 인가받은 인물은 퀘이커 교도인 윌리엄 펜이었다.

퀘이커 교도들이 회의를 하는 모습.

19세기 초, 미국과 영국에서는 퀘이커 신자들의 수가 줄어들었다. 새로운 신학 이론과 관습 등으로 논쟁이 격화되면서 퀘이커가 분열된 것이다. 식민지 시절 퀘이커 교단이 누리던 정치적, 경제적 영향력도 사라져버렸다. 하지만 아예 없어진 것은 아니었다. 그 예로 미국 역사상 유일한 퀘이커교도 대통령은 20세기에 선출된 리처드 닉슨이라는 점을 꼽을 수 있다.

TV 뉴스나 기타 방송 작가들은 종종 퀘이커를 펜실베이니아에 정착한 다른 종파들과 혼동한다. 특히 자주 헛갈리는 대상이 메노파와 아미시파다. 퀘이커는 잉글랜드에서, 메노와 아미시는 독일에서 유래한 종파다. '펜실베이니아 더치'[01]라는 말은 퀘이커가 아니라 독일계 정착민들을 가리킨다.

TIP

'펜실베이니아 더치'의 더치는 독일인을 뜻하는 독일어 도이치(deutsch)에서 왔다.

메노파와 아미시파는 모두 재세례파 기독교에 속한다. 재세례파는 종교개혁이 한창일 때 독일, 스위스, 네덜란드에서 일어났다. 메노와 아미시라는 이름은 각각 창시자인 메노 시몬스와 자코브 아망이라는 창시자의 이름에서 따왔다. 아미시 중에 펜실베이니아 주 랭커스터 카운티에 정착한 아미시 교도들이 가장 잘 알려져 있지만, 그동안 전체 교인들의 수가 크게 늘어 지금은 미국 여러 지역에서 아미시 거주지를 찾아볼 수 있다. 유럽에는 더 이상 아미시 교도가 존재하지 않는다. 또 다른 재세례파인 후터파(역시 창시자 야코브 후터의 이름에서 유래)는 사우스다코타와 노

01 독일어를 사용하던 초기 정착민들이 형성한 문화적 공동체와 그 후손들을 가리킨다.

아미시 교도들의 교통수단 아미시 버기.[02]

스다코타 및 캐나다 프레리 지역(매니토바, 서스캐처원, 앨버타 주)에 정착했다. 후터파는 인구지리학자들을 비롯한 인구학 전문가들이 자주 언급하는 종파다. 후터파의 출산율이 세계 최고 수준이기 때문이다.

TIP

재세례파라는 이름은 초기 기독교인들이 모두 장성한 어른들뿐이었으므로 아이들에게 유아세례를 주어서는 안 되며(유아세례, 정치권력의 강요에 의해 받은 세례는 무효이므로 다시 세례를 받아야 된다는), 유아세례도 강요에 의한 개종이라는 믿음 때문에 붙여졌다.

02 소형 사륜마차. 아미시 교도들의 교통수단(아미시 교도들도 자동차 등의 교통수단을 이용하지만 자동차를 운전하거나 소유하지는 않는다).

또 다른 종교 소집단인 셰이커 교도들은 뉴욕 마운트레버넌에 처음 정착했다가, 이후 뉴잉글랜드로 옮겨갔다. 셰이커 교도들은 두 가지 때문에 사람들에게 알려졌다. 첫째로 여러 가지 발명품과 수공예품, 특히 가구인데, 불필요한 장식을 모두 없앤 '셰이커 스타일'을 만들어 유명해졌다. 둘째는 금욕 서약이다. 금욕 서약은 결국 교단의 축소로까지 이어졌다. 현재 미국에 남은 셰이커 공동체는 단 하나뿐이며 신자는 딱 세 명이다.

종교적으로 가장 관용적이며, 다른 어떤 지역보다 먼저 노예제 폐지에 앞장섰던, 한때 식민 정착지였던 미국의 주가 한편으로는 노예무역에 가장 적극적이었다는 사실은 매우 아이러니하다.[03] 캠브리지 대학에서 수학한 신학자 로저 윌리엄스는 보스턴 청교도 식민지 지역으로 이주했지만, 영국 국교회로부터의 분리를 주장했다. 애초에 분리파에 대한 탄압을 피해 플리머스 식민지로 피신했던 그는 다시 식민지 구역을 벗어나(지금의 로드아일랜드 주) 나라간셋 베이로 옮겨갔다. 그가 정착한 곳은 '프로비던스 플랜테이션즈'라고 불리다가 인접한 로드아일랜드 식민지와 병합했다. 그 결과 '로드아일랜드 앤드 프로비던스 플랜테이션즈'라는, 미국에서 가장 긴 이름의 주가 탄생했다. 2012년, 주민들은 투표를 통해 주의 공식 명칭을 '로드아일랜드'라는 익숙한 이름으로 바꿀 수 있는 기회를 얻었지만, 주민 투표 결과 원래의 긴 이름을 고수하기로 했다.

종교의 자유를 찾아 아메리카 대륙으로 이주한 사람들이라고 하면 대

---

03 로드아일랜드는 노예제 폐지 직전 뉴잉글랜드(미국 동북부 대서양 연안에 위치한 6개 주-매사추세츠, 코네티컷, 로드아일랜드, 버몬트, 메인, 뉴햄프셔) 지역에서 인구 대비 노예 비중이 가장 높았고, 노예삼각무역(노예들의 노동으로 설탕 생산-럼 제조-럼 수출 대금으로 다시 노예 수입)을 주도했다.

개 필그림, 퀘이커, 아미시 같은 소규모 공동체를 떠올리기 쉽다. 하지만 종교 개혁 이전 유럽의 기독교 그 자체였던 가톨릭 신자들도 영국과 유럽에서 시대를 달리하며 박해를 겪었다. 메릴랜드는 찰스 1세가 조지 캘버트에게 인가한 땅에 세워진 영국 식민지였다. 가톨릭 신자였던 조지 캘버트는 잉글랜드 가톨릭 신자들의 피난처를 세우고자 했다. 동시에 그는 경제적 이윤도 고려했다. 처음에 뉴펀들랜드에 식민지를 세우려다 실패한 적 있는 캘버트는 담배 농사를 희망했다. 조지 캘버트는 최초의 정착민들이 도착하기 전에 사망했지만, 그의 아들 세실 캘버트는 아버지의 계획을 이어받았다. 1633년, 첫 식민지 정착민들이 도착했다. 하지만 시간이 지나면서 다른 종파들이 메릴랜드로 이주했고 가톨릭 공동체의 위상은 줄어들었다. 종교적 탄압을 수치로 측정하는 것은 무리지만, 19세기 말 가톨릭 신자들에 대한 박해가 가장 심했던 곳이 메릴랜드였다. 가톨릭 신자에게는 투표권이 주어지지 않았고, 심지어 가톨릭 신자의 정착을 제한하는 법이 통과되어 1820년까지 존속했다.

TIP

비록 캘버트 일가가 메릴랜드 식민지 초기에 재정적인 목표를 실현시키지는 못했지만 길게 봤을 때 그들의 노력은 결실을 맺었다. 현재 메릴랜드는 1인당 소득 기준으로 미국에서 가장 부유한 지역이다.

다양한 종교인들을 한데 모아줄 만능 요리

“입맞춤은 싫증나지만, 입에 맞는 요리는 그렇지 않다.” _아미시 속담

◆ 아빠표 추수감사절 스터핑(닭, 칠면조, 만두 등에 채워 넣는 속재료)

하와이에 살다 보면 다양한 문화에서 온 여러 가지 맛의 조화를 체험할 수 있다. 다문화사회에서만 누릴 수 있는 특별한 즐거움이다. 이번 장에서는 우리 가족 대대로 전해 내려오는 맛있는 스터핑을 소개하겠다. 하와이의 포르투갈 인들, 특히 그들이 하와이에 가져온 팡 도시(Pao doce)나, 팡 도시 대신 9장에서 소개한 할라 빵을 써도 좋다.

– 약 9~10kg짜리 칠면조 한 마리 기준

– 재료

- 포르투갈 팡 도시(스위트 브레드, 단 빵) 약 900g
- 포르투갈 소시지 550g, 적당히 썬다.
- 버터 8큰술
- 중간 크기 양파 여섯 개, 깍둑썰기
- 셀러리 여섯 줄기, 깍둑썰기
- 마카다미아 너츠 한 컵, 적당히 썰어서 살짝 볶는다.
- 폴트리 시즈닝[01] 2 큰술
- 저염 닭 육수 또는 야채 육수 4~6컵

– 할머니의 비법

- 빵을 한 입 크기로 뜯어 베이킹 팬 위에 골고루 뿌린다. (전원을 끈) 오븐에 넣고 하룻밤 말린다.
- 큰 냄비를 중불에 올리고 소시지를 가열한다. 기름이 배어 나오고 소시지가 노릇노릇해질 때까지 가열한다.(링귀사나 쇼리수 아무거나 써도 되지만, 우리 집에서는 레돈도(Redondo)의 마일드 소시지를 사용한다.)
- 그물국자로 소시지를 건져 종이타월이 깔린 접시에 놓고 여분의 종이타월로 눌러 최대한

---

01 닭, 칠면조 등의 요리에 사용하는 양념. 미국 슈퍼마켓에서 다양하게 판매하고 있지만, 세이지, 타임 가루를 기본 재료로 마조람, 로즈메리, 육두구, 후추 등을 섞어서 만들기도 한다.

기름기를 뺀다. 소시지가 모두 식으면 냄비의 기름을 따라 버린다.
• 같은 냄비를 다시 중불에 올리고 버터, 양파, 셀러리를 넣는다. 자주 저으면서 야채들이 부드러워지고 갈색이 나기 시작할 때까지 8~10분간 가열한다. 폴트리 시즈닝을 넣고 1분가량 더 저어준 다음 불을 끈다.
• 빵과 소시지를 각각 절반씩 냄비에 넣어준다. 재료가 섞이도록 저으면서 빵이 젖어서 서로 뭉칠 때까지 육수를 조금씩 넣는다.(육수를 너무 많이 넣으면 곤죽이 되므로 주의한다!)
• 남은 빵과 소시지도 넣는다. 육수로 적시면서 마카다미아 너트를 넣고 저어서 섞는다.
• 오븐을 180℃로 예열한다. 버터를 바른 오븐용 접시에 재료를 담고 표면은 노릇하고 속은 완전히 익도록 30~45분간, 또는 칠면조 속을 채워 같은 시간 동안 오븐에 굽는다.

◆ 아미시 치킨

- 8인분

나는 고등학교 때 처음 아미시 치킨을 만들었다. 아빠가 신문에서 발견한 레시피를 오려 보관해두었다가 따라해본 것이었다. 내 요리를 맛본 우리 가족은 단번에 반해버렸다. 바삭한 껍질 부분인지 아니면 입안에 퍼지는 마늘의 풍부한 향인지, 도대체 어디가 그렇게 좋은 건지는 나도 모르겠다. 부드러운 마늘과 크림에서 배어나오는 촉촉한 육즙은 매시드 포테이

오랫동안 같은 레시피로 요리해온 아미시 치킨.

토, 에그누들, 폭신한 라이스 필라프와 기가 막히게 어울린다. 약한 불에 밤색이 될 때까지 녹인 버터, 아몬드 슬라이스를 완두콩과 함께 곁들이거나 또는, 21장에서 만들어볼 완두콩 샐러드와 함께 내도 좋다.

- 재료

- 닭다리(넓적다리 부위) 여덟 조각
- 마늘 여러 알, 개수는 취향대로(나는 보통 20~30개를 넣는다). 껍질을 벗긴다.
- 중력분 밀가루 한 컵
- 파프리카 가루 1큰술
- 마늘 가루 1큰술
- 소금 1큰술
- 백후추 1작은술
- 헤비 크림 950ml
- 닭 육수 950ml

- 나만의 비법

- 커다란 볼에 밀가루, 파프리카 가루, 마늘 가루, 소금, 후추를 넣고 섞는다. 닭다리에 가루를 묻힌 후 털어낸다. 닭다리를 큰 오븐용 접시에 껍질 부분이 위로 오도록 담는다. 크림과 육수를 붓고 마늘을 골고루 얹는다.
- 180℃ 오븐에서 껍질이 바삭하고 노릇해질 때까지 약 60분가량 굽는다.

16
국경의 남쪽, 중앙아메리카

- 멕시코에서 5월 5일(싱코 데 마요)은 무엇을 기념하는 날일까?
- 중앙아메리카에서 유일하게 카리브 해(또는 대서양)와 면하지 않은 나라는?
- 멕시코의 휴양지 코수멜에서 거의 정북향에 위치한 미국의 주도는?
- 영어가 공용어인 중앙아시아 국가는?
- 미국의 관타나모 해군 기지와 가장 가까운 수도(首都)는?
- recipe. 국경의 남쪽, 중앙아메리카 멕시코의 대표 요리

어른이 될 때까지 멕시코 요리는 거의 들어본 적도 없었다. 지금은 세계적으로 유명한 타코, 엔칠라다, 토르타(멕시코 샌드위치), 부리토(토르티야에 고기, 콩, 야채 등을 얹고 둥글게 말아서 먹는 멕시코 요리) 등은 내가 살던 동네에서는 듣도 보도 못한 음식들이었다. 그나마 들어본 것이 칠리콘카르네[01](줄여서 칠리) 정도지만 칠리가 정말 멕시코 요리인지는 잘 모르겠다. 한 가지 확실한 것은 19세기 말, 텍사스 사람들에게 거의 주식과 마찬가지였던 칠리가 이후 20세기에 들어설 무렵에는 미드웨스트(미국 중북부)까지 전파되었다는 사실이다. 미국 텍사스 이외에 신시내티도 칠리의

---

01 줄여서 '칠리'라고도 부른다. 칠리고추, 고기(주로 소고기), 토마토, 콩 등을 넣고 끓인 매운 스튜. 취향에 따라 마늘, 양파, 커민 등을 넣기도 한다.

멕시코식 스튜 요리, 칠리콘카르네.

원조로 알려져 있지만, 세인트루이스와 그린베이 역시 이 음식과 인연이 깊다. 칠리콘카르네는 조리법이 다양하고, 만드는 사람마다 독특한 비법을 자랑하는 요리이기도 하다. 미드웨스트 지역에서는 보통 스파게티 위에 얹어 먹지만, 하와이에서는 쌀밥에 얹어 먹는다. 다양한 조리법 때문에 종종 칠리 콘테스트가 열리기도 한다.

TIP

우리 부모님은 1940년대에 애디론댁에서 자그마한 호텔을 경영하셨다. 어느 겨울, 어머니는 칠리콘카르네를 메뉴에 포함시키고 한 그릇에 25센트에 팔기 시작하셨다. 그때부터 난리가 났다. 아무리 많이 만들어놓아도 매번 동이 났다. 맛있는 칠리를 만드는 비결이라고 알려진 재료가 수십 가지는 족히 됐지만, 그중에서 타바스코를 넣어보라는 의견이 가장 많았다. 당시에도 타바스코 소스는 이미 오랜 전통이 있는 식재료였지만 식자재 도매상에서도 동네 슈퍼마켓에서도 구할 수가 없었다. 어머니는 칠리에 다진 곰고기와 정향을 넣으셨다. 나는 칠리를 먹을 때마다 어렴풋이 느껴지던 정향 특유의 풍미가 그리워지곤 한다.

내가 어릴 때부터 미국에는 멕시코 문화, 특히 멕시코 요리임을 자처하는 음식 문화가 전국적으로 퍼져나갔다. 요리가 인기를 끌면서 멕시코 맥주와 테킬라도 덩달아 사랑을 받았다. 또 멕시코인들이 사용하는 스페인어도 미국인들의 어휘에 조금씩 영향을 미치기 시작했다. 미국인들 사이에 가장 널리 퍼져 있는 멕시코 문화는 아마도 싱코 데 마요를 기념하는 문화일 것이다. 단, 많은 미국인들이 생각하는 것과 달리 싱코 데 마요는 멕시코의 독립기념일이 아니다. 멕시코의 독립기념일은 9월 16일이며, 그날에는 국가차원의 매우 성대한 기념식도 열린다. 정확히 말하자면 이달고 신부[02]가 돌로레스라는 작은 도시(과나후아토 인근)에서 스페인으로부터의 독립을 호소한 날이다. 그리토 데 인디펜덴시아(Grito de Independencia) 또는 그리토 데 돌로레스(Grito de Dolores, 독립의 외침, 돌로레스의 외침)라고 불리는 이날의 사건을 매해 멕시코 대통령이 재현하며 기념한다.

싱코 데 마요, 즉 5월 5일은 독립기념일만큼 중요한 날은 아니지만 그래도 멕시코인들에게는 뜻 깊은 날이다. 이날은 멕시코가 6,000명의 프랑스 군대를 물리친 푸에블라 전투를 기념하는 날이기 때문이다. 인상적인 승리이긴 했지만, 큰 변화를 가져오진 못했다. 프랑스인들은 멕시코에서 물러나지 않았고 오히려 막시밀리안 대공[03]을 데려다가 멕시코의 황제로 세웠기 때문이다. 내 생각에 싱코 데 마요는 멕시코보다 미국에서 더 크게 기념하는 날인 것 같다.

---

02 1753~1811년. 멕시코의 가톨릭 신부, 독립운동 지도자. '돌로레스의 외침' 사건으로 체포되어 처형당했다.
03 1832~1867년. 당시 오스트리아의 황제 프란츠 요제프 1세의 동생. 멕시코에는 베니토 후아레스 대통령이 이끄는 공화정부가 수립되어 있었지만, 반정부 세력과 멕시코를 차지하려는 프랑스 나폴레옹 3세에 의해 1864년 멕시코의 황제로 즉위했다가 3년 만에 정부군에 붙잡혀 처형당했다.

중앙아메리카 중부 태평양 연안에 위치한 엘살바도르.

엘살바도르는 중앙아메리카에서 가장 작지만 인구밀도가 가장 높은 나라다. 대부분의 중앙아메리카 국가들처럼 엘살바도르는 화산이 많고 지진이 잦은 나라다. 엘살바도르의 토양은 커피 재배에 매우 유리하기 때문에 특히 최근에는 경제의 거의 대부분을 커피에 의존하고 있다. 단일 작물에 의존하는 국가가 흔히 그렇듯이 엘살바도르의 경제도 세계 시장 동향에 민감하고, 호황과 불황이 극단적으로 되풀이되었다. 식민지 시대에도 역시 인디고(잎과 가지로 파란 색 염료를 만든다)라는 단일 작물에 의존했었다. 이 같은 의존이 원인 중 하나였는지 엘살바도르는 과거 늘 정치 경제적으로 불안했고, 내전, 정부군과 농민의 충돌, 게릴라들의 반정부 소요 등이 끊이지 않았다. 지난 20년간은 그나마 정치적으로 조용했지만 엘살바도르는 최근 몇 년 동안 대규모 허리케인으로 피해를 입었다. 카리브해와 면하지 않았고, 중앙아메리카에서 유일하게 대서양으로 직접 통하지 않기에 카리브해안의 허리케인 벨트에 속하지는 않지만, 동태평양에서 발생하는 허리케인에는 매우 취약하다.(이쪽에서 발생하는 허리케인은 미국 내 뉴스에서 잘 다루지도 않는다.)

내 제자 하나가 로스앤젤레스까지 비행기를 타고 갔다가 다시 렌터카를 몰고 멕시코 코수멜까지 가는 계획을 세웠다. 그곳에서 열리는 환경회의에 참석하기 위해서였다. 나는 대략 2,000마일(약 3,300킬로미터) 가까이 운전해야 할 테니 쉬운 일이 아닐 거라고 자상하게 알려주었다. 사실 나도 정확한 거리는 알아보지 않았지만 내 말을 들은 그의 눈빛은 마치 폭스 TV 뉴스라도 보고 있는 듯했다. 못 믿겠다는 표정이었다. 그는 전에도 멕시코에 갔었는데 샌디에이고 바로 남쪽이어서 차로 가니 별로 오래 걸리지 않았다고 했다. 나는 코수멜이 미국 어느 주의 주도에서 정남향에 위치해 있는지 아느냐고 물었다. 나의 기특한 제자는 새크라멘토나 피닉스가 아니냐고 했다. 둘 다 주도인 것만은 확실했다. 하지만 정답은 몽고메리, 앨라배마 주의 주도였다. 미국인들은 대개 멕시코라고 하면 무조건 미국 서부와 가까울 것이라고만 생각한다.[04] 하지만 멕시코의 유카탄 반도는 지질구조상 동부 플로리다와 유사하다.

해적들이 세운 나라도 있을까? 중앙아메리카의 벨리즈는 해적이 세운 나라나 마찬가지다. 예전에 중앙아메리카는 누에바 에스파냐라고 불

04 로스앤젤레스, 샌디에이고, 새크라멘토는 모두 미국 서해안쪽, 즉 태평양쪽이고, 코수멜은 대서양쪽이다. 구글 지도에 따르면 로스앤젤레스에서 코수멜까지는 약 4,558킬로미터, 자동차로 약 50시간이 소요된다.

리는 스페인 식민지의 일부였다. 새로운 스페인이라는 이름에도 불구하고 사실 스페인은 지금의 벨리즈에 해당하는 땅에 별로 관심이 없었다. 파도가 거의 없는 내해였기 때문이다. 하지만 카리브해의 해적들이 본거지로 삼기에는 안성맞춤이었다. 이 해적들은 대부분 브리튼제도(지금의 영국과 아일랜드) 출신이었고, 영국 해군에 소속되었을 때 익힌 기술로 해적이 된 자들이었다. 해군보다 해적질을 하는 편이 벌이가 좋았던 모양이다. 적어도 영국 해군이 카리브해에서 해적소탕작전을 벌이기 전까지는 먹고살 만했을 것이다. 하지만 해적소탕작전 이후 갈 곳을 잃은 해적들과 그 자손들은 영국인들에게 목재 등을 팔아 겨우 연명할 수밖에 없었다. 벨리즈의 인구 구성은 주변 중앙아메리카 국가들과 크게 다르지 않지만, 벨리즈는 여전히 영어를 공용어로 하고 있는데, 이는 미국인, 캐나다인, 영국인들이 은퇴 후 살고 싶은 곳으로 벨리즈를 꼽을 만큼 매력적인 조건이다.

'기트모'는 미 해군들이 쿠바 관타나모 기지를 가리키는 별칭이다. 관타나모는 오바마 행정부 시절 내내 심심찮게 뉴스에 등장했다. 관타나모가 주목을 받으면서 미국은 곤란한 상황에 직면했다. 일어나지 않은 전쟁에서 사로잡은 존재하지 않는 적군 포로, 좀 더 쉽게 말하자면 주로 가상의 공간에 존재하는 적의 포로들이 그곳에 있기 때문이다. 협상 대상국, 즉 현실에서 포로를 교환할 대상국도 없다. 이 전쟁 아닌 전쟁에서 사로잡은 포로들을 미국 본토로 데리고 가면, 그들은 미국 법의 적용을 받게 되거나 적어도 국제법의 적용을 받는다. 미국은 인터넷 가상 저장소 '클라우드'에 자료를 저장하듯 그들을 '기트모'에 수용했다.

미국이 애초에 관타나모 베이를 손에 넣은 것은 스페인과의 전쟁에서 승리한 후, 쿠바가 (명목상) 독립한 1902년 조약에 의해서다. 쿠바의 비공식 국가라고 할 만큼 잘 알려진 '관타나메라(Guantanamera)'는 쿠바의 대표 시인 호세 마르티의 시에 곡을 붙여 만든 노래다. 관타나메라는 관타나모 베이에서 온 여성을 가리킨다. '기트모'는 쿠바의 수도 아바나보다 자메이카의 수도 킹스턴, 그리고 아이티의 수도 포르토프랭스와 더 가깝다.

TIP

쿠바와 맺은 조약에 따라 미국은 자국이 필요하다고 판단할 때면 언제든 쿠바에 개입할 수 있는 권리를 얻었다.

recipe 국경의 남쪽, 중앙아메리카 멕시코의 대표 요리

"정말로 친구가 되고 싶은 사람이 있다면, 그 사람의 집에 가서 그와 함께 식사를 하라. 음식을 나누어주는 사람은 마음도 나누어준다." _세사르 차베스[01]

◆ 레드 화이트 소스를 곁들인 게살 엔칠라다 베이크

- 6인분

- 엔칠라다용 재료

• 게살 450g, 껍질과 연골을 제거한 후 종이타월로 물기를 제거한다.
• 체더/잭 혼합 슈레드 치즈 450g, 반 컵은 고명용으로 남겨둔다.
• 쪽파 한 단, 흰 뿌리 부분과 초록색 이파리 부분 모두 얇게 썬다.
• 작은 옥수수 토르티야(하얀 색 또는 노란색) 열두 장
• 무염버터 2큰술, 녹여둔다.
• 레드소스(레시피 참조)
• 화이트소스(레시피 참조)
• 신선한 고수 한 단, 썰어둔다.

- 나만의 비법

- 엔칠라다 베이크
• 커다란 볼에 게살, 슈레드 치즈, 쪽파를 넣고 잘 섞는다.
• 옥수수 토르티야 여섯 장을 대략 23×30cm 오븐용 접시에 깔고(필요하면 토르티야 가장자리를 잘라낸다) 브러시로 버터를 바른다.
• 화이트소스를 토르티야 위에 바른다.
• 화이트소스 위에 게살 믹스를 한 층 쌓고 각각 남은 토르티야로 덮는다. 남겨둔 슈레드 치즈를 뿌린다.
• 190℃로 예열한 오븐에 넣어 재료가 완전히 익고, 토르티야가 부풀어 오를 때까지 30분간 굽는다. 토르티야 가장자리가 약간 바삭하게 오그라들어야 한다.
• 최소 15분 동안 식힌다. 정사각형 모양으로 자른 조각을 네모난 스패튤라로 접시에 옮겨 담는다. 신선한 고수잎을 뿌린다.

---

01 1927~1993년. 미국의 노동, 시민 운동가.

–리프라이드 빈[02], 스페니시 라이스[03], 레드와인 비너그렛[04]을 뿌린 아삭한 그린 샐러드와 함께 낸다.

– 레드소스 재료
- EVOO 3큰술
- 밀가루 1큰술
- 칠리파우더 한 컵
- 오레가노 가루 1작은술
- 커민 가루 1작은술
- 카옌페퍼[05] ¼작은술 또는 원하는 종류의 핫소스 약간(선택)
- 치킨 육수 또는 채소 육수 두 컵
- 토마토 페이스트 280g
- 소금과 후추 약간

– 나만의 비법
- 중간 크기 팬에 기름을 두르고 중불에 가열한다. 밀가루를 골고루 뿌린 후 잘 젓는다. 밀가루가 약간 황금빛을 띨 때까지 가열한다.
- 향신료들(칠리파우더, 오레가노, 커민, 카옌페퍼)을 넣고 계속 저으면서 1분가량 더 가열한다.
- 육수와 토마토 페이스트를 붓고 걸쭉해지도록 12~15분간 가열한다. 취향에 따라 소금과 후추를 뿌린다.

– 화이트소스 재료
- 하프앤드하프[06] 한 컵
- 사워크림 ½컵
- 무염버터 ¼컵

– 나만의 비법
- 작은 팬에 재료를 모두 넣고 약한 불에서 버터가 녹을 때까지 잘 저으며 가열한다.

---

02 리프라이드 빈/프리홀레스 레프리토스(Refried beans/ frijoles refritos): 삶은 콩을 으깬 후 오븐에 굽거나 튀겨 먹는 멕시코 전통음식.

03 쌀을 노릇하게 볶은 후 토마토와 육수를 넣고 조리하는 멕시코 요리. 멕시칸 라이스라고도 한다.

04 오일과 산(식초, 레몬즙)을 3대 1정도로 섞어 소금, 향신료, 허브 등을 가미한 소스를 비너그렛이라고 한다. 산으로 레드와인식초를 넣으면 레드와인 비너그렛, 발사믹 식초를 넣으면 발사믹 비너그렛이 된다.

05 매운맛이 강한 품종인 카옌고추를 말려서 빻은 향신료. 카옌이라는 이름은 남아메리카 프랑스령 기아나(French Guiana)의 수도 카옌(Cayenne)에서 유래한다.

06 우유와 크림을 절반씩 섞은 유제품.

17
콜럼버스가 발견한 또 다른 섬, 쿠바

- 콜럼버스는 쿠바를 뭐라고 불렀을까?
- 영국은 쿠바를 포기하고 무엇을 얻었을까?
- 아바나 만에서 폭발한 미국 군함은?
- 피델카스트로는 누구의 정권을 무너뜨리고 권력을 얻었을까?
- 카스트로를 권력에서 몰아내려는 시도가 실패로 끝난 곳은?
- 체 게바라, 부치 캐시디, 선댄스 키드의 공통점은?
- recipe. 가깝고도 먼 쿠바의 전통 요리

50여 년 동안 단절되었던 쿠바와의 외교관계를 정상화하려는 오바마 정부의 노력 덕분에 쿠바는 자주 언론에 등장했다. 쿠바와 카리브해 연안 전체에 대한 미국인들의 여행 제재가 풀림으로써 나타날 효과는 엄청날 것으로 예상되지만 여전히 미국 의회는 양국의 화해 움직임에 곱지 않은 시선을 보내고 있다. 쿠바는 미국 바로 아래, 플로리다의 키웨스트에서 불과 90마일(약 145킬로미터) 거리에 있다.

쿠바는 카리브해 일대에서 가장 큰 섬이며, 쿠바의 역사는 미국과 복잡하게 얽혀 있다. 한때 쿠바는 미국의 소유였지만, 독립한 후에도 미국은 여전히 필요하다고 판단할 때마다 쿠바의 내정에 간섭할 수 있는 권리를 유지해왔다.

콜럼버스는 첫 번째 아메리카 탐험에서 쿠바를 발견했다. 대부분의 기록에서 콜럼버스는 쿠바를 스페인의 왕위 계승자(후아나 1세)의 이름을 따 '후아나'라고 불렀다. 일부 유럽 지도에는 이후 쿠바를 '시팡구(Cipangu)'로 표기하기도 했다. 당시 유럽인들이 일본을 가리키던 말이다.

TIP

콜롬버스가 쿠바를 일본으로 착각했음을 암시하는 몇 가지 증거에도 불구하고 여전히 의심 가는 점이 있다. 당시 배 위에서 경도를 파악하는 것은 어려웠지만 위도는 정확하게 측정할 수 있었다. 일본이 위도 몇 도쯤 위치하는지 정도는 당시 사람들도 알고 있었고, 당연히 쿠바와는 크게 차이가 났다.

쿠바는 누에바 에스파냐, 즉 스페인의 식민지 가운데 그다지 중요한 곳은 아니었다. 쿠바에는 금도 없었고, 콜럼버스를 비롯한 탐험가들이 찾아다니던 향신료도 없었다. 하지만 아바나는 항구가 있었기 때문에 매우 중요했다. 아바나는 멕시코 원정을 위한 기지로 활용되었다. 18세기에 아바나는 아메리카 대륙에서 세 번째로 큰 도시(멕시코시티, 리마 다음으로)가 되어 있었다. 반면 쿠바의 나머지 지역들은 인구도 별로 많지 않았다.

7년 전쟁 기간 동안(1756~1763년) 영국은 쿠바를 점령했다. 그로 인해 영국의 북아메리카 식민지와 쿠바 간의 교역이 이루어졌다. 아프리카에서 많은 노예들이 팔려왔고 설탕 플랜테이션이 확장되었다. 하지만 전쟁이 끝나고 영국은 플로리다를 얻기 위해 쿠바를 스페인에 양도했다.

19세기 초 약 20년 간, 스페인은 북아메리카의 식민지 대부분을 잃었다. 남아메리카와 멕시코에서는 독립을 요구하는 세력들과의 전쟁이 끊이지 않았다. 하지만 쿠바는 계속 스페인의 영토로 남고자 했다. 쿠바의

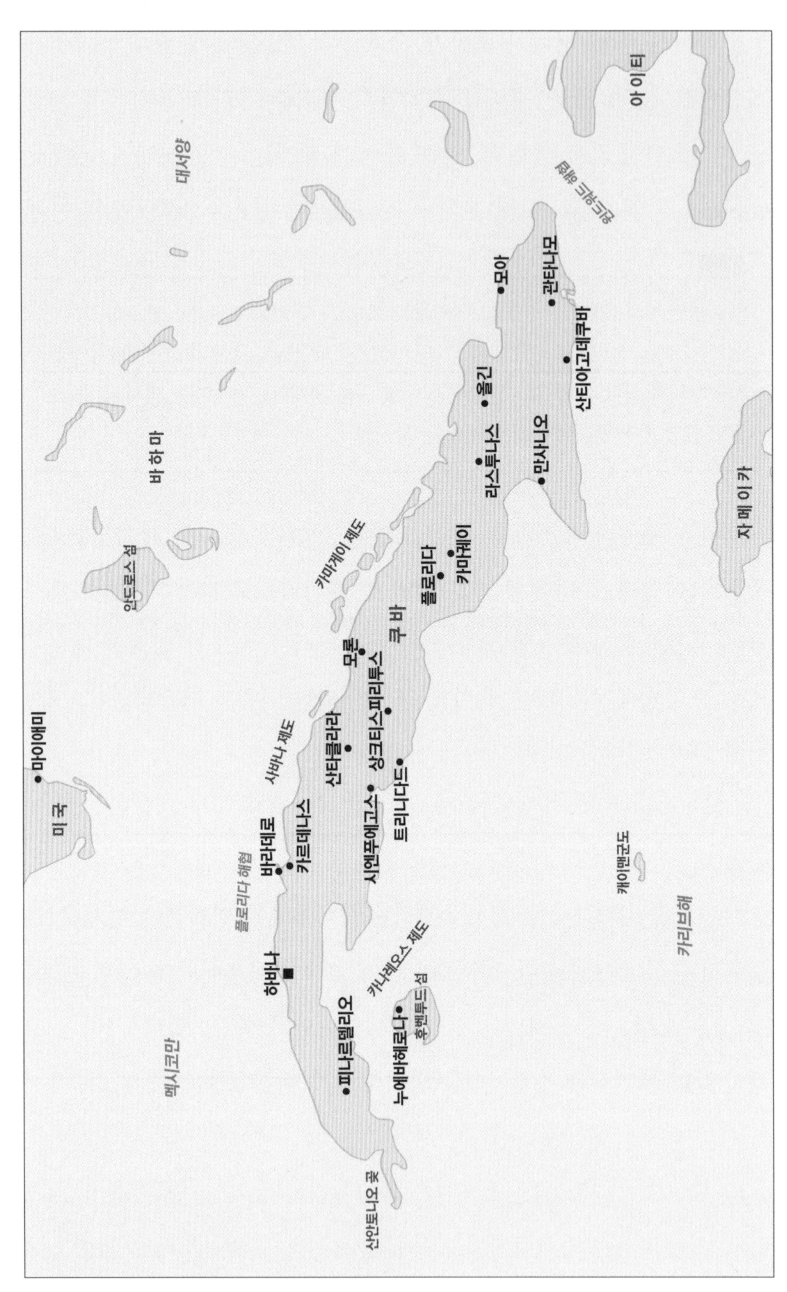

1492년, 항해 중이던 콜롬버스가 발견한 나라, 쿠바.

국민들이 스페인에 우호적이라기보다는 쿠바에 주둔한 스페인의 병력이 워낙 탄탄했기 때문일 것이다. 이후 19세기 말까지 쿠바의 독립운동은 타오르다 꺼지기를 반복했다. 1890년대에 스페인은 쿠바에 (아마도 세계 최초의) 집단수용소를 만들어 독립에 우호적인 것으로 의심되는 사람들을 가두었다. 수용소의 상황은 참혹했다. 수만 명이 질병과 굶주림으로 목숨을 잃었다. 적어도 뉴욕의 신문들은 그렇게 보도했다.

미국은 아바나 항에 전함 메인 호를 파견했다. 표면상으로는 미국의 국민과 국가적 이해를 보호하기 위해서였다. 1898년 2월 15일, 메인 호 선상에서 거대한 폭발이 있었고 메인 호는 아바나 항에 가라앉았다. 선원 4분의 3이 목숨을 잃었다. 폭발의 원인에 대해서는 지금까지 확실한 결론이 나지 않았지만 미국의 언론은 스페인을 비난하며, "메인을 기억하라." 같은 전쟁 구호를 내세웠다. 결국 스페인과 미국 간에 전쟁이 벌어졌다.

TIP

미국은 많은 전쟁을 치렀지만 그중 스페인과의 전쟁을 포함한 다섯 건 만이 의회가 선포한 전쟁이었다. 의회가 선포한 전쟁이라고 해서 선포하지 않은 전쟁과 크게 다를 것은 없다. 하지만 미국 헌법에 명시된 유일한 범죄는 반역죄이고, 반역죄는 전시(아마도 의회가 선포한 전쟁) 상황에만 성립할 수 있다.

메인 호 침몰로 촉발된 스페인과 미국의 전쟁은 신속히 종결되었다. 미국은 1898년 4월에 전쟁을 선포했는데, 그해 8월에는 전쟁이 끝났다. 전후 맺은 평화협정으로 미국은 쿠바, 푸에르토리코, 필리핀, 괌을 얻었다. 미국 의회는 전쟁을 선포할 무렵, 미국의 쿠바 병합을 금지하는 텔러 수정안도 통과시켰다. 따라서 미국의 쿠바 점령 기간은 짧았지만, 이 기간 미국의 의사들이 매우 중요한 (그리고 아마도 파나마 운하 건설을 가능케

했던) 발견을 하고 그 해결법을 찾아냈다. 월터 리드 박사가 황열병이 모기에 의해 전염된다는 사실을 밝혀냈고, 윌리엄 고거스 박사는 모기를 억제해 쿠바에서 황열병과 말라리아를 퇴치한 것이다.

한편 풀헨시오 바티스타는 쿠바의 대통령으로 선출되어 1940년부터 1944년까지 쿠바를 통치했다. 1952년, 그는 또다시 대통령이 되고 싶었지만 선거에서 표를 얻을 자신이 없었다. 그래서 그는 선거로 얻을 수 없는 권력을 쿠데타로 쟁취했다. 1952년부터 1959년까지 쿠바는 독재자 바티스타가 장악했다. 그러다 1959년 쿠바 혁명으로 바티스타 독재정권이 무너지고, 피델 카스트로가 쿠바의 새로운 지도자가 되었다. 그의 정치적 노선에 대한 의혹은 있었지만 정확히 알려진 바가 없었다. 1961년 미국 CIA가 주도한 무력침공으로 쿠바의 비행장 세 군데와 피그스 만의 선착장 한 곳이 폭격을 당했다. 카스트로의 군대는 사흘 만에 침략군을 무찔렀고, 그 와중에 카스트로는 스스로 마르크스레닌주의자임을 선언했다. 카스트로의 승리는 라틴아메리카 전역에서 미국의 이해에 심각한 타격을 입혔다.

TIP

침략군의 병력은 소규모였다.(약 1,400명) 쿠바 내 반카스트로 세력으로부터 강력한 지원을 기대했을 것이라 짐작할 수 있다. 이후 카스트로는 내부의 실질적, 잠재적 적들에 대해 강력한 조치를 취했다. 그는 수천 명을 가두거나 다른 방식으로 억압했다.

카스트로의 최측근 가운데 아르헨티나 태생의 체 게바라는 라틴아메리카 전역에서 민중의 영웅으로 떠올랐다. 카스트로와 게바라는 이념적으로는 차이가 있었다. 게바라는 중국 마오쩌뚱 식의 공산주의를, 카스트로는 소련식 공산주의(그리고 소련으로부터 받는 경제 원조)를 선호했다. 게바라는 쿠바를 떠났고, 아마도 다른 나라에서 혁명을 조직하려던 것으로 보인다. 그는 볼리비아에서 처형당했는데 역시 그곳에서 죽은 무법자 부치 캐시디와 선댄스 키드의 전철을 밟았다.

가깝고도 먼 나라, 쿠바의 진정한 전통 요리

"새해 전야, 자정을 알리는 시계 소리에 맞춰 (열두 달을 생각하며) 열두 알 포도를 먹고, 사이다를 서로 나눈다." _쿠바 전통

◆ 아로스 콘 포요

처음 아로스 콘 포요를 만들어본 것은 신혼 시절이었다. 나는 특히 맥주가 들어간다는 점이 마음에 들었다. 나는 내가 사는 지역에서 나오는 맥주를 사용한다.(여러분도 그렇게 하시길) 색이 진한 맥주일수록 더 좋다. 맥아 향이 강하기 때문이다. 재료의 가짓수도 많고 칼질할 것도 많아서 어려워 보이지만, 장담하건대 애쓴 만큼 보람도 크다. 큰손님을 치를 경우에는 재료의 양을 두 배로 늘려도 된다.
쿠바에서 자란 친구 소냐에게 아로스 콘 포요가 왜 진정한 쿠바 요리인지 물었더니, 스페인, 아프리카, 카리브해 일대를 대표하는 향신료와 식재료가 모여 독특한 맛과 향을 내기 때문이라고 설명했다. 쿠바인들은 또 가족을 생각하는 마음이 남다르다. 소냐도 쿠바에서 살았던 어린 시절을 떠올리며 멋진 추억들을 이야기해주었다. 나는 소냐의 레시피에 나의 아이디어를 첨가해 새로운 버전의 전통요리를 시도해보았다.
특히 바닐라를 넣었더니 맛이 한층 깊어져서 이제는 우리 농장에서 소개하는 바닐라 활용사례 중 내가 가장 좋아하는 요리가 되었다. 닭고기는 좋아하는 부위를 자유롭게 선택한다. 나는 항상 넓적다리의 붉은 살 부위나 에어라인 컷(윗 날개 뼈가 붙어있는 닭가슴 살)을 껍질을 제거하지 않은 채로 사용한다. 기름이 배어나올 수 있으므로 불 쇼를 할 생각이 아니라면 미리 기름기를 뺀다! 남은 재료를 하루 지나서 조리해 먹으면 더 맛있다. 양념이 깊이 배기도 하고 프라이팬에 데우는 과정에서 쌀밥이 더 바삭하고 고소해지기 때문이다. 남은 쌀밥에 수란을 곁들이면 완벽한 아침 식사가 된다.

- 재료

- 껍질과 뼈가 붙은 닭 넓적다리 여덟 조각
- 오레가노 가루 ½큰술
- 커민 가루 ½큰술
- 훈제 파프리카 가루 ½큰술
- EVOO 3큰술
- 바로 짠 오렌지 주스 3큰술
- 소금과 후추
- 쇼리수 약 450g(나는 모오노 상표의 포르투갈 소시지를 사용한다)

맥주를 넣어 끓인 아로스 콘 포요.

- 중간 크기 양파 한 개, 잘게 다진다.
- 중간 크기 붉은 색 파프리카(또는 피망) 한 개, 씨를 제거하고 잘게 썬다.
- 주황색 파프리카 한 개, 씨를 제거하고 잘게 썬다.
- 마늘 네 쪽, 다진다.
- 썰어놓은 유기농 토마토 400g 한 캔(중간 크기 토마토 두 개)
- 케이퍼 3큰술, 헹궈서 물을 빼놓는다.
- 로컬 맥주 한 병, 스타우트나 포터(나는 마우이 브루잉 사의 코코넛 포터를 사용했다.)
- 닭 육수 또는 야채 육수 세 컵
- 바닐라 익스트랙트 2작은술
- 사프란 스레드[01] ¼작은술
- 코셔 소금, 간 후추 취향대로
- 아르보리오[02] 쌀 네 컵
- 냉동완두, 녹여서 두 컵

---

01 사프란은 사프란 크로커스라는 꽃의 암술대를 말린 향신료다. 말린 암술대를 사프란 스레드, 빻은 가루를 사프란 파우더라고 한다.

02 이탈리아 산 단립종(자포니카) 쌀. 쌀알이 짧고 통통하며 찰기가 많다. 리소토 등 이탈리아 요리에 사용한다.

• 마르코나 아몬드[03], 썰어서 가볍게 볶는다.

– 나만의 비법

• 향신료(오레가노, 커민, 훈제 파프리카 가루)와 올리브 오일, 오렌지 주스로 페이스트를 만든다. 닭고기에 페이스트를 두껍게 바르고 최소 한 시간에서 네 시간까지 재워둔다. 양념을 털어내고 털어낸 양념은 나중에 쓸 수 있게 남겨둔다. 소금과 후추를 적당히 뿌린다.
• 중간 크기의 냄비에 육수, 바닐라, 사프란을 가열한다. 끓어오르기 시작하면 불을 끈다.
• 바닥이 두꺼운 스톡 냄비를 센 불에 달군다. 닭고기를 한 번에 조금씩 올려 전면이 골고루 갈색이 되도록 한 면당 2~3분씩 센 불에 가열한다. 기름은 빠지고 옆면까지 골고루 익도록 집게로 뒤집어가며 가열한다. 닭고기를 접시에 옮겨 담는다. 냄비에 남은 기름은 따라내고 종이타월로 닦는다.
• 같은 냄비에 소시지를 기름이 빠지고 갈색이 될 때까지 가열한다. 그물국자로 소시지를 건져 종이타월을 깐 접시에 담는다. 냄비에 남은 기름을 따라 낸다.
• 닭고기를 재우고 남겨둔 양념, 양파, 파프리카를 냄비에 넣고 부드러워질 때까지 중불에서 8분간 가열한다. 마늘을 넣고 저으며 1분간 더 가열한다. 토마토와 케이퍼를 넣는다.
• 구운 닭고기를 다시 냄비에 넣고, 맥주를 붓는다. 불을 올리고 2분간 가열한다.
• 쌀과 육수를 붓고 끓어오르면 뚜껑을 덮고 불을 낮춘다. 쌀이 물기를 모두 흡수할 때까지 30~35분간 끓인다. 마지막 5분이 남았을 때 완두콩을 저어가며 넣는다. 쌀이 덜 익었다면 물(또는 육수)을 더 붓고 뚜껑을 덮은 채 약한 불에서 더 끓인다. 물이 너무 많다고 여겨지면 뚜껑을 연 채로 10~15분간 수분이 줄어들 때까지 끓인다.
• 커다란 접시에 담아 구운 아몬드를 뿌린다. 맛있게 먹는다!

03 스페인 산 아몬드. 일반 아몬드보다 알이 굵고 길이가 짧다.

18
멸종되는 동물들

- 존 캐벗이 영국인들에게 구해다 준 중요한 식량자원이었지만 1990년대에 사실 상 멸종된 생물은?
- 모리셔스 섬에서 멸종했으며, 죽음과 관련된 표현에 등장하는 생물은?
- 신시내티 동물원에서 마지막 생존 개체, 마사가 사망함으로써 멸종했지만, 한때는 북아메리카에서 가장 번성했으며, 어쩌면 세계에서 가장 개체수가 많은 새였을 것으로 추정되는 종은?
- 한때 아시아, 유럽에 광범위하게 서식했지만 1627년 마지막 개체가 폴란드에서 사망함으로써 멸종한 거대 포유류는?
- recipe. 언젠간 멸종될 버팔로로 만든 전통 요리

지리학의 여러 갈래 가운데 유독 생태 관련 분야가 학생들의 관심을 끄는 것은 멸종 생물들 때문이다! 멸종 위기에 처한 고래, 산호초, 도롱뇽의 운명을 접한 수많은 학생들은 매우 격한 반응을 보이곤 한다. 나는 때때로 학생들의 이 같은 반응이 어릴 때 본 엄마 잃은 밤비의 슬픈 눈망울 때문은 아닐까 생각해보곤 한다. 안타깝지만 감정이 지식을 대신할 수는 없다. 하나의 종이 어떤 과정을 거쳐 멸종에 이르게 되는지, 특히 그 이면에 숨은 유전학적 의미를 이해하는 데 필요한 지식의 무게를 기꺼이 감당하려는 학생은 드물다.

이런 부류의 학생들일수록 멸종이라는 것이 사실은 대부분의 생물, 그러니까 이 세상에 존재하는 종의 99.9퍼센트 이상이 직면할 수밖에 없는 운명이라는 점을 슬쩍만 내비쳐도 언짢아한다. 대부분의 멸종 사례는 인간과 무관하다. 인간이 지구상에 존재한 역사가 그리 길지 않기 때문이다. 그럼에도 불구하고 일부 생물들의 경우 인간으로 인해 예정보다 빨리 지구상에서 사라지게 된 것도 사실이다.

TIP

간혹 수십 년이나 수백 년간 눈에 보이지 않아서 멸종했다고 생각했던 종이 갑자기 다시 나타나는 경우가 있다. 그런 종들을 라자로 분류군(Lazarus taxa)이라고 부른다. 그중에서도 1938년 남아프리카 해안에서 잡힌 실러캔스라는 물고기의 경우가 가장 놀라웠다. 이 물고기는 6,500만 년 전에 멸종한 것으로 알려진 종이었기 때문이다! 사람들은 이제 실러캔스가 원래대로 멸종 생물의 지위를 회복하도록 최선을 다하고 있는 것 같다. 코모로스 제도의 어부들이 개체 수가 기껏해야 몇백 마리밖에 안 되는 이 물고기를 1년에 수십 마리씩 포획하고 있으니 말이다.

비교적 근래에 가장 극적인 사연으로 멸종되었거나 혹은, 거의 멸종될 뻔한 종은 바닷물고기들이다. 콜럼버스가 아메리카 대륙을 발견하고 얼마 후, 존 캐벗[01]은 영국의 첫 번째 식민지인 지금의 캐나다 뉴펀들랜드 섬에 착륙했다. 뉴펀들랜드는 식민지로서 그다지 좋은 조건은 아니었지만, 주변 바다에 아주 기막힌 자원을 품고 있었다. 바로 대서양 대구(Atlantic Cod)라는 어종이었다. 캐벗 이전부터 이미 일부 유럽인(특히 바스크인)들이 뉴펀들랜드 앞 그랜드뱅크스까지 와서 물고기를 잡았으리라 짐작되지만, 캐벗의 탐험대 이후 뉴펀들랜드 주변 바다에서 대구의

01 1450~1500년대. 베네치아의 탐험가. 북아메리카 본토에 처음 착륙한 유럽인으로 알려져 있다.

포획이 본격화되었고 이후 수백 년간 이어졌다. 그랜드뱅크스는 수백만 명을 먹여 살렸다. 1992년, 캐나다는 그랜드뱅크스에서 어업을 금지시켰다. 대구의 개체 수가 크게 떨어졌기 때문이다. 이후 20년 넘게 세월이 흘렀지만 대구의 개체 수는 여전히 상업적 포획이 불가능할 정도로 낮은 수준이다.

다른 지역의 종들도 뉴펀들랜드 대구와 비슷한 운명을 맞았다. 페루 안초비, 북 아이슬란드의 청어 등이다. 어느 믿을 만한 조사에 따르면 전 세계 어종의 70퍼센트가 위험한 수준의 개체 수 감소를 겪었다. 우리가 아는 한 이러한 감소는 전적으로 남획에 의한 것이다. 아직 바다에 물고기가 남아 있다 해도, 지금과 같은 어업 행태, 특히 수중 서식지를 파괴하는 저인망 어업[02]을 제한하지 않는 한 결국 어업은 그 자체의 존속 기반이기도 한 귀중한 자원을 망가뜨릴 수 있다.

한정된 지역에만 서식하는 종들의 경우 개체수를 조절해줄 포식자가 없는 환경에 적응하기 위해 자연스럽게 번식률이 낮아지곤 한다. 이때, 환경의 아주 작은 변화로도 순식간에 해당 종이 멸종위기에 이를 수 있다. 예를 들어, 하와이에서는 외래종 포식자와 서식지 감소 때문에 수십 종의 새들이 사라졌거나 사라질 위기에 처했다. 이와 유사한 대표적인 사례가 바로 인도양 모리셔스 섬에서 발견된 날지 못하는 새, 도도의 멸종이다. 탈출한 노예들이 마구잡이로 잡아먹는 바람에 도도새는 사람들이 알아채지 못하는 사이에 사라져버렸고, 지금은 "도도처럼 죽은[03]"이라는 표현으로만 남아 있다.

---

02 동력선에 매단 그물로 해저의 물고기를 쓸어 올리는 포획방식.

모리셔스 섬과 인근 레위니옹 섬에 걸쳐 서식하던 종이 멸종한 사례도 있다. 18세기까지 모리셔스 날여우박쥐(flying fox)는 넓은 지역에 걸쳐 매우 번성했다. 이 종에 대해 유일하게 남은 기록은 1772년에 쓰인 것이며 100년 후 모리셔스 날여우박쥐는 양쪽 섬에서 모두 자취를 감추었다.

도도새.(코르넬리스 사프틀레번, 1638, 로테르담 보에이만스 뮤지엄 소장)

남북전쟁 후 수년 간 대평원에서 6,000만 마리의 아메리카 들소(bison)가 도살되었지만 들소는 계속해서 살아남아 지금은 상업적으로 사육되고 있다. 하지만 여행비둘기(passenger pigeon)들은 들소와 달리 멸종되었고, 그 사연 또한 예사롭지 않다. 여행비둘기는 북아메리카에 널리 퍼져 있던 새로 개체수도 어마어마했다. 북아메리카 대륙에서 가장 흔한 새였고, 심지어 새들 가운데 개체수가 세계 최대였다고 보는 학자들도 있다. 1860년대에만 해도 수십억 마리가 떼 지어 다니는 모습이 관찰되었지만, 1914년 마지막 여행비둘기인 마사가 신시내티 동물원에서 사망한 것을 끝으로 세상에서 사라졌다.

여행비둘기의 멸종으로 인한 변화가 내게는 특히나 매우 현실적으로 다가온다. 어릴 적부터 아버지로부터 집 근처 습지에서 본 여행비둘기 떼 이야기를 듣고 자랐기 때문이다. 40년 후, 같은 늪에서 나는 붉은날

---

03 (as) Dead as a dodo: 1. 완전히 죽은, 회생불능의 2. 완전히 한물간 3. 더 이상 효력/효과가 없는.

인도양의 모리셔스 섬과 레위니옹 섬.

개검은새(redwing blackbird)들이 떼 지어 모여 있는 광경을 보았다. 지금은 이 새가 여행비둘기의 뒤를 이어 북아메리카 최대의 개체수를 자랑하게 되었다.

가끔 멸종되었을 것이라고 추정한 종이 외부와 차단된 지역에 존속하는 경우가 있다. 가축화된 모든 소들의 조상격인 오록스(auroch)가 그런 경우다. 오록스는 선사시대의 동물로만 알려져 있었다. 선사시대의 유럽과 아시아에서 오록스를 사냥하는 동굴벽화가 발견되기도 했다. 오록스의 가축화는 두 갈래로 이루어졌는데, 하나는 인도의 혹소(zebu), 다른 하나는 유라시아에서 가축으로 기르는 여러 종의 소들이다. 그런데 사실 오록스는 1627년에야 멸종했다. 마지막 개체는 폴란드의 깊은 숲속에서 사망했다.

미국인들은 고래의 운명에 대해 우려하고 있다. 심지어 영화 스타트렉 시리즈에서도 고래의 멸종을 다룬 적이 있다.[04] 하지만 모든 나라가 고래를 걱정하는 것은 아니다. 일본인들은 고래 고기를 먹는다. 아이슬란드에서는 고래 그림 옆에 "다 죽여버려"라고 쓴 스티커를 범퍼에 붙이고 다니는 자동차를 본 적도 있다. (일본도 아이슬란드도 고래 사냥 유예 결정에 완전히 동참하지 않고 있다.)[05]

일본, 러시아, 아이슬란드, 노르웨이 등이 눈에 불을 켜고 고래를 사냥하고 있지만, 고래의 개체 수는 안정되고 있으며 심지어 증가하고 있는 것 같다. 현재 멸종한 고래는 대서양귀신고래(Atlantic Gray Whale) 단 한 종뿐이다.

TIP

겨울이면 태평양 혹등고래 수백 마리가 출산을 위해 하와이로 온다. 특히 하와이 주요 섬들의 남쪽 해안에서 고래들을 자주 볼 수 있다. 그런데 일주일에 한 마리 정도는 낚시 용구에 걸린 채 발견된다. 보통 어선단이 설치해놓은 그물이나 그물을 고정시켜 놓는 부표 탓이다. 가끔 어선단에서 나온 거대한 쓰레기 더미가 해안가에 밀려와 있는 것을 본 적도 있다. 결국 나는 고래의 최대의 적은 고래 사냥이 아니라 기업에서 운영하는 어선단이라는 결론을 내렸다.

04 극장용으로 제작된 스타트렉 네 번째 영화(Startrek IV: The Voyage Home). 미국에서 1986년에 개봉했고, 국내 미개봉작이다.

05 1982년 국제포경협회(the International Whaling Commission)는 회원국들이 1985, 1986년 고래 사냥시즌부터 모든 종의 고래에 대한 상업적 포획을 중단해야 한다는 결정을 내렸고 이 결정은 지금까지 유효하지만 아이슬란드는 노르웨이는 이 결정에 반대해 자체적인 포획 상한선 내에서 포경을 계속하고 있다.

recipe 언젠간 멸종될 버팔로로 만든 전통 요리

"이 세상 모든 동물들이 사라진다면, 인간의 영혼은 엄청난 외로움을 견디지 못하고 죽고 말 것이다. 동물에게 무슨 일이 일어나든, 인간도 결국 똑같은 일을 당하게 될 것이다. 모든 것은 서로 연결되어 있으니까." _시애틀 추장[01]

◆ 타톤카 투르티에르[02]

기름기가 적고 단백질이 풍부한 버팔로 고기로 만든 파이를 돼지고기와 향신료를 듬뿍 곁들여 먹어보자. 아래 위 페이스트리 반죽 사이에 고기를 넣는 더블크러스트 파이이므로 페이스트리는 입맛에 맞게 직접 만들거나 시판되는 파이 반죽(생지)을 구입해도 좋다. 레시피대로 하면 파이 하나 만들고 남을 분량의 고기 속재료가 나오므로, 여분의 파이 반죽으로 작은 파이(또는 타르트)를 만들거나, 오븐용 그릇에 속 재료를 넣고 파이 반죽을 위에만 덮어서 구우면 가볍게 끼니를 해결할 수도 있다.

- 6~8인분

- 재료

- 버터 4큰술
- 큰 양파 한 개, 잘게 다진다.
- 잘게 다진 당근 ½컵
- 셀러리 세 줄기, 잘게 다진다.
- 파스닙[03] 두 개, 적당히 썬다.
- 마늘 네 쪽, 빻는다.
- 회향[04] 씨앗, 1작은술

---

01 대략 1786~1866년. 지금의 워싱턴 주에 거주하던 아메리카 원주민 부족을 이끌던 지도자. 워싱턴 주의 시애틀은 시애틀 추장의 이름에서 가져왔다.

02 버팔로 파이. 타톤카(tatonka 또는 타탄카tatanka)는 아메리카 원주민 어로 들소, 버팔로를 의미하고, 투르티에르(tourtiere)는 캐나다 퀘벡식 고기파이다.

03 하얀색 당근처럼 생긴 뿌리채소로 단맛이 난다.

04 미나리과의 식물. 딜(dill)처럼 가늘고 긴 잎과 씨를 약용, 식용으로 쓴다. 지중해 연안이 원산지이지만 회향씨는 오래 전부터 아시아에서 널리 사용되었으며, 중국 전통 향신료인 오향분 가운데 하나다.

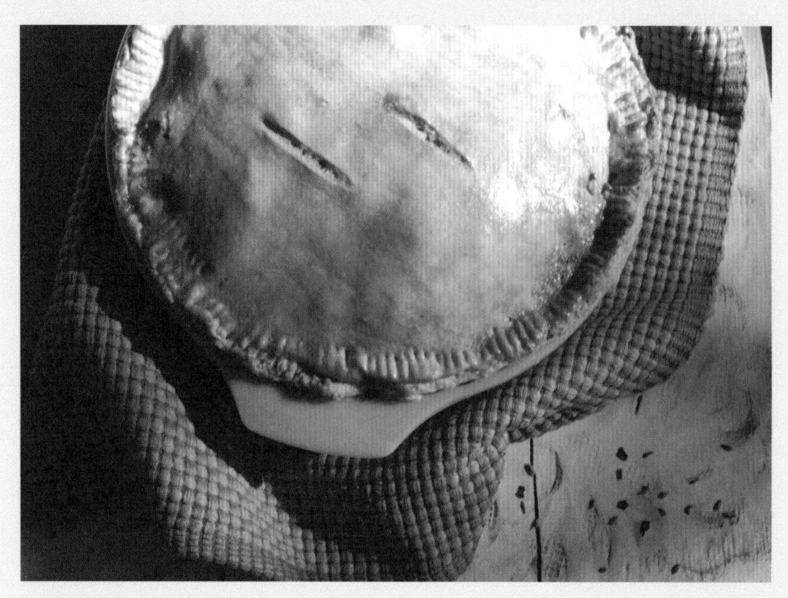

포르투갈 전통 요리 타톤카 투르티에르.

- 정향 ½작은술
- 올스파이스 ½작은술
- 시나몬 ½작은술
- 카르더멈(초과)[05] ½작은술
- 바닐라 익스트랙트 1큰술
- 큰 토마토 한 개, 적당히 썬다.
- 토마토 페이스트 2큰술
- 다진 버팔로(들소) 고기 약 680g
- 다진 돼지고기 약 680g
- 소금, 후추 약간
- 더블 파이용 쇼트크러스트 반죽
- 사워크림

---

05 생강 과의 몇 가지 식물 씨앗을 가리킨다. 향과 맛이 강하며 인도, 네팔 요리에 중요한 혼합향신료 마살라의 재료이고, 우리나라에서는 초과(草果)라는 이름으로 전통음료인 제호탕에 들어간다.

– 나만의 비법

• 크고, 바닥이 두꺼운 냄비를 중불에 올리고 버터를 녹인다.

• 양파, 당근, 셀러리, 파스닙을 넣는다. 채소가 부드러워질 때까지 8~10분간 볶는다. 마늘을 넣고 1분간 저으면서 가열한다. 향신료(회향, 정향, 올스파이스, 시나몬, 카르다몸)와 바닐라를 넣는다. 저으면서 2~3분 간 가열한다. 토마토와 토마토 페이스트를 넣고 2~3분 간 저으면서 조리한다.

• 불을 중강으로 올리고 버팔로 고기와 돼지고기를 넣는다. 고기가 모두 갈색이 되고 수분이 사라질 때까지 약 30분 간 가열한다.

• 큰 볼에 종이타월 네 장을 깔고 조리한 재료를 부어 물기를 빼고 식힌다.

• 파이 반죽 하나로 약 25.4cm 정도 되는 파이 틀 바닥과 옆면을 채운다. 반죽을 잘 눌러주고 가장자리는 주름을 잡는다. 파이 속재료를 약간 수북하게 채운다. 덮개용 반죽을 덮고 아래위 반죽 가장자리를 눌러가며 봉한다. 공기가 빠져나오도록 덮개 반죽에 2cm 정도 길이로 세 군데 칼집을 낸다.

• 190℃ 오븐에서 한 시간 동안 굽는다. 최소 20분간 식힌 후 자른다.

• 사워크림과 함께 낸다.

◆ 바칼라우

소금에 절인 대구 요리인 바칼라우는 많은 문화권에서 전통적으로 즐겨먹던 음식이다. 하와이에서는 포르투갈계 가정에서 주로 먹는데, 슈퍼마켓에서 절여놓은 대구를 팔기도 한다. 몇 년 전에 포르투갈 요리를 테마로 한 만찬에 다녀온 후 내 손으로 직접 대구를 절여 바칼라우를 만들어보기로 했다. 너무 짤까 봐 걱정했지만, 미리 물에 담가두면 아주 부드럽고, 촉촉하고, 먹기 좋은 상태가 된다. 만들기는 아주 쉽지만 준비 시간이 필요하니 미리 계획을 짜서 작업에 착수한다.

– 재료

• 대구 살, 껍질과 뼈를 제거하고 물에 헹군다.

• 코셔 소금, 대구살이 완전히 묻힐 정도로 충분한 양

– 나만의 비법

• 얕은 그릇에 소금을 한 층 깐다. 소금 위에 대구 살을 깔고 그 위에 다시 소금을 한 층 깐다. 소금이 대구 살을 완전히 덮도록 한다. 48시간 동안 냉장고에 넣어둔다.

• 대구 살을 소금에서 꺼내 헹군다. 종이타월로 가볍게 두드려 물기를 흡수해내고, 살짝 눌러 수분이 남지 않도록 한다.

• 두었다 쓸 것인지 바로 다음 날 조리할 것인지를 정한다. 바로 다음 날 조리할 경우 24시간 동안 물에 담가두어야 한다. 이때 6~8시간 간격으로 물을 갈아 준다.

• 마지막 물을 버린 후 대구 살을 바닥이 두꺼운 프라이팬에 넣고 물을 채운 후 가열한다. 물

이 끓어오르기 직전에 불을 끄고 식힌다. 물을 버리고 물기를 뺀다. 바로 조리해 먹을 수 있는 바칼라우가 완성되었다.

• 두었다 쓸 경우, 대구 살을 유산지에 싸서 약 1주일 또는 완전히 마를 때까지 냉장 보관한다. 마른 바칼라우를 비닐 랩에 꼭 싸서 얼리면 6개월까지 보관할 수 있다. 얼린 대구 살은 일단 해동한 후 위에 제시한 대로 물에 담갔다가 사용한다.

◆ 바칼라우 아 고메스 데사[06]

미리 만들어두었다가 하루 중 아무 때나 식사 대용으로 든든하게 먹을 수 있는 요리다. 정통 조리법에는 소시지가 안 들어가지만, 소시지의 훈연 향으로 풍성해지는 맛이 좋아서 조금 넣어 본다.

– 재료

• 바칼라우 약 900g을 물에 담갔다가 헹군 대구 살을 물기를 뺀 후 한 입 크기로 찢어 준비한다.
• 감자 1kg을 각자 취향대로 먹기 좋게 썬다.
• EVOO ½컵
• 포르투갈 소시지 약 230g, 잘게 썬다.
• 큰 양파 두 개, 채 썬다.
• 마늘 네 쪽, 다진다.
• 오레가노 가루 1작은술
• 소금과 후추 약간
• 큰 토마토 두 개, 굵게 다진다.(또는, 잘라놓은 토마토 400g 한 캔, 물기를 뺀다)
• 완숙으로 삶은 달걀 여섯 개, 껍데기를 벗겨서 얇게 썬다.
• 블랙 올리브 400g들이 한 캔, 물기를 빼고 굵게 다진다.
• 부추, 장식용

– 나만의 비법

• 감자를 부드러워질 때까지(껍질이 밀려 벗겨질 정도로) 삶되 너무 흐물흐물해지기 전에 불을 끄고 물에서 건져 식힌다.
• 바닥이 두꺼운 프라이팬을 중불에 올리고 소시지를 겉면이 갈색이 되고 기름이 배어나올 때까지 굽는다.
• 그물국자로 소시지를 건져 종이타월을 깐 접시에서 기름기를 뺀다. 프라이팬에 고인 기름을 따라 버린다.

---

06 바칼라우에 감자, 양파, 달걀, 올리브오일 등을 넣고 조리한 포르투갈 요리.

• 올리브 오일 ¼컵을 프라이팬에 두르고 중불에 올린다. 양파를 넣고 부드러워질 때까지 5~7분 가열한다. 마늘을 넣고 1분간 저으면서 가열한다.
• 오레가노와 토마토를 넣고 토마토를 속까지 익힌다. 소금과 후추로 간을 한다.
• 커다란 찜 냄비에 삶은 감자, 절인 대구 살, 소시지, 양파와 토마토, 올리브를 각각 절반씩 차례로 쌓는다. 재료의 나머지 절반씩을 같은 순서로 쌓는다. 팬에 남은 기름과 남은 올리브 오일 ¼컵을 재료 위에 뿌린다.
• 180℃로 예열한 오븐에서 45분 간, 또는 감자가 노릇해질 때까지 굽는다. 얇게 썬 달걀, 부추로 장식한다. 뜨겁게 먹어도 좋고, 따뜻하게 혹은 상온으로 식혀서 핫소스와 함께 낸다.

19

황무지에 피어난 골드러시

- 미국 최초로 골드러시가 발생한 곳은?
- 1859년 캔자스 준주(territory)의 골드러시와 관련된 산은?
- 세계에서 가장 큰 금덩이가 발견된 곳은?
- 골드러시가 발생한 지역 가운데 지구상에서 가장 남쪽에 위치한 곳은?
- 클론다이크는 어느 나라에 있을까?
- recipe. 캘리포니아 골드러시를 떠올리며 만드는 빵 요리

지리학자들을 비롯해 대학에서 가르치는 사람들은 정기적으로 평가를 받는다. 이유는 알 수 없지만, 평가를 담당하는 사람들은 항상 '교육철학'에 대해 질문한다. 물론 질문하는 그들도 교육철학이 도대체 무엇이고, 어떠해야 하는지 아무것도 모르는 사람들이다. 그러면서도 내가 내놓는 대답은 하나같이 싫어했다. 그래서 나는 매번 다르게 대답했다. 그랬더니 시간이 지날수록 점점 더 내 대답을 싫어했다. 가장 최근에 나는 마크 트웨인이 한 말을 인용했다. "모든 것에는 한계가 있다. 철광석을 아무리 갈고닦아봐야 금이 되지는 않는다." 대학의 높은 분들이 보기에는 내 대답이 정치적으로 대단히 부적절했던 모양이지만, 이번 장을 여는 문장으로서는 꽤 어울린다.

골드러시는 끝났을까? 아마도 그런 것 같다. 더이상 금을 발굴할 가

능성이 적어서가 아니다. 사람들의 국가 간, 또는 국내 이동을 가로막는 제약들 때문이다. 사람들은 복권을 사거나 카지노에 감으로써 금을 향해 달려가고 싶은 충동을, 그것도 훨씬 쾌적한 환경에서 해소한다. 게다가 금 말고도 사람들을 움직이게 만드는 것들은 얼마든지 있다. 알래스카 송유관 건설로 창출된 일자리가 놈(Nome) 시의 골드러시보다 더 많은 사람들을 알래스카로 불러 모았고, 노스다코타 주의 석유 붐도 규모면에서 골드러시 못지않았다.

골드러시에 대한 연구는 그동안 충분히 이루어졌고 우리는 골드러시라는 드라마가 사광채굴(주로 바닥에 드러난, 양질의 금을 함유한 광물을 채취하는 방식), 슬루스 박스[01], 수력 채광[02], 지하 금광 등의 과정을 거쳐 완성되었음을 숙지했다. 하지만 지리학자들은 골드러시보다는 골드러시와 이동 모습은 같지만 방향은 정반대인 자연재해를 연구해왔다. 사람들은 금을 향해 달려가듯, 지진, 화산 폭발 같은 자연재해를 피해 달아나기 때문이다.

수학자들은 예측이 항상 적중하지 않는 이유가 무엇인지를 설명하는 이론을 수립했다. 카오스 이론은 결과를 규정하는 요인을 알고 있는데도 정확한 결과를 예측하지 못하는 이유가 무엇인지를 설명하는 이론이다. 순수 수학의 영역을 벗어나는 문제에 이 이론을 적용하는 데에는 약간의 무리가 따르긴 하지만 그래도 시도하려는 노력이 있었다. 가령 지

---

01 간단한 수로 장치. 물이 수로 위를 흘러가면서 상대적으로 무거운 금이 바닥에 돌출된 장애물에 걸리면서 모래, 자갈등과 분리되도록 하는 도구.

02 강한 압력으로 쏘아보낸 물의 힘으로 분리된 매장층이나 침전층을 슬루스 위로 떠내려 보내 금을 분리해내는 방식.

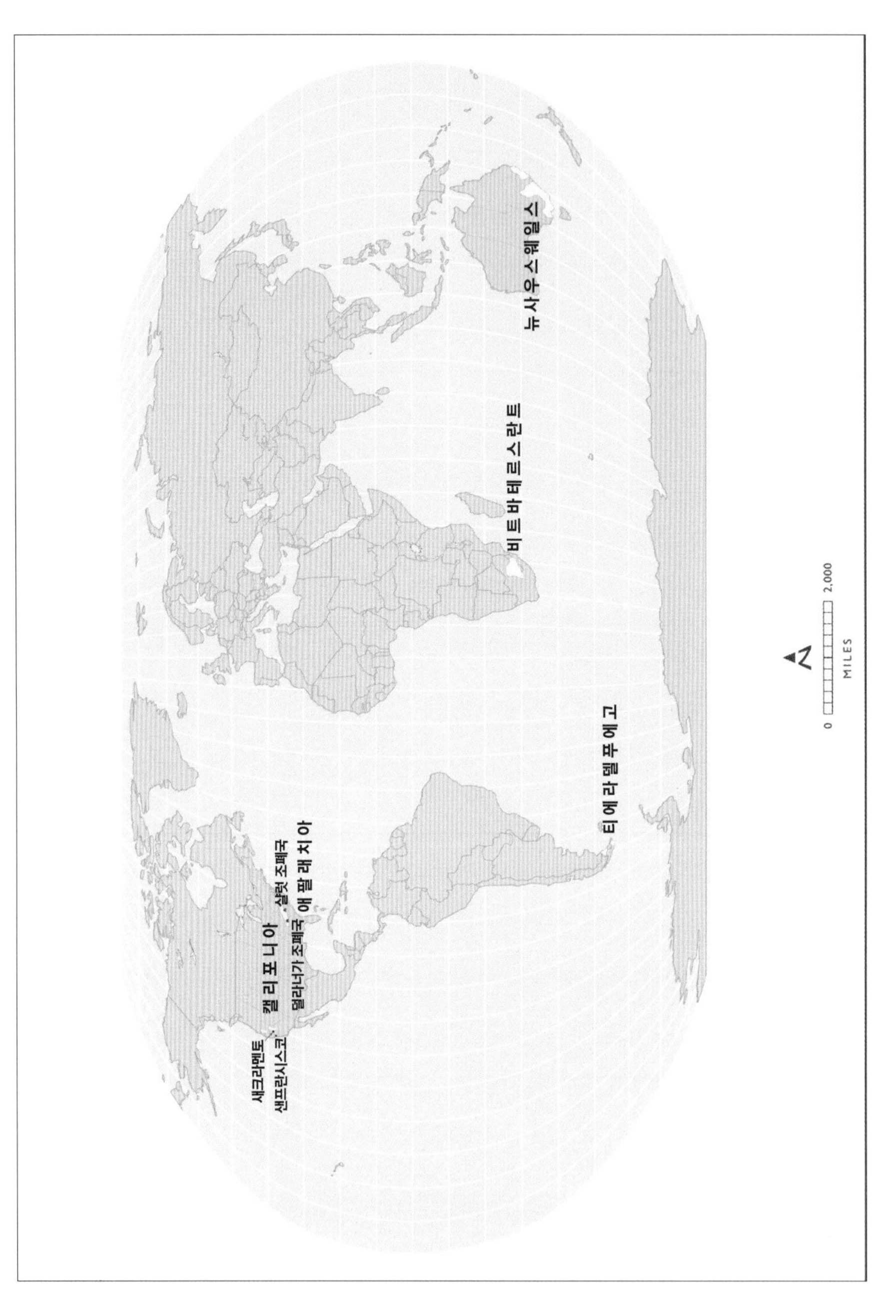

골드러시가 발생한 주요 지역들.

리학에서 두 도시 A와 B 사이의 이동 인구는 두 도시의 인구가 많을수록 늘어나고, 두 도시 사이의 거리가 멀수록 줄어든다는 합리적인 추측이 가능하다. 하지만 정확하게 측정되지 않은 어떤 요소에 의해 결과 예측에 진짜 혼란이 일어날 수 있다. 골드러시와 자연재해가 그 예다. A시에서 금이 발견되면, 합리적인 예측으로 감당할 수 없을 정도의 많은 사람들이 그리로 몰려간다. B시에서 화산이 폭발하면, 역시 '통상적인' 예측 수준을 크게 넘어서는 수의 사람들이 B시에서 도망쳐 나온다.

TIP

개인적으로 나는 인간의 행동을 규정할 수 있다거나, 인간의 행위를 결정하는 모든 요소들을 가려내고 측정할 수 있다고는 생각지 않는다. 카오스 이론을 수학에 적용할 수 있는 이유는 수학의 등식에서 양변의 관계가 명확하기 때문이다. 하지만 사회과학에서의 인과관계는 수학의 등식처럼 명확하지 않다.

재해와 골드러시 사이의 서로 평행한(마치 물체와 거울에 비친 상처럼) 관계를 드러내는 또 한 가지 사례는 사건 발생지점으로부터 거리가 멀어질수록 정보가 왜곡된다는 점이다. (개인적인 경험을 포함한) 사례연구에 따르면 정보 왜곡은 어떤 방식으로든 일어난다. 발굴된 금의 양과 재난의 규모가 어마어마하게 부풀려지는 것이 보통이지만, 간혹 중요한 발견사실이나 재해가 무시되고 축소되기도 한다. 재난이 발생하면 세계 언론들은 '사망자 수'에 집착하는 경향이 있지만, 당장의 사상자가 많지 않은 사건이 장기적으로 끔찍하고 더 치명적인 결과를 초래하기도 한다.

지리학적 관점에서 골드러시가 가져온 가장 중요한 변화는 인구의 재분배다. 깊이 생각해보지 않아도 사람이 많이 다니는 대도시보다는 사람의 발길이 거의 닿지 않은 외딴 곳에 금이 묻혀 있을 가능성이 높다. 가령, 샌프란시스코의 인구는 골드러시 이전에 200명가량이었다. 샌프란시스코가 지금의 규모로 성장하기까지 여러 가지 요인이 있었겠지만, 그중에서 포티나이너[03]들(풋볼 팀 말고 광부들 얘기다)의 활약이 오늘의 샌프란시스코를 만든 기반이었다는 점에는 반박할 여지가 없다.

미국 최초이자 세계에서 가장 오래된 골드러시 중 하나는 19세기 초입에 노스캐롤라이나에서 발생했다. 커배러스 카운티에 있는 리드 농장에서 금이 발견된 직후였다. 존 리드는 자신의 땅에서 금을 채굴했고 그 과정에서 부자가 되었다. 몇 년 후, 조지아(애틀랜타 북동 쪽) 주의 럼프킨 카운티에서도 금이 발견되었다. 남북전쟁이 발발할 무렵 애팔래치아 골드벨트는 북으로는 버지니아까지 남서로는 앨라배마까지 확장되었다.

금광을 찾아 몰려든 사람들은 백인들이었지만, 실제 금이 매장되어 있거나, 또는 있으리라고 짐작되는 땅의 상당 부분이 소위 문명화된 다섯 개의 원주민 부족[04], 특히 체로키 부족의 소유였다. '소유'라는 표현을 쓰는 이유는 미국 정부가 체로키 부족의 소유권을 인정하는 공식적인 협정에 사인을 했기 때문이다. 게다가 여기에는 체로키인들이 백인들로부터 돈을 주고 산 땅도 포함되어 있었다. 내 대학시절 역사 교재들도 남쪽에 거주하던 이 부족들을 강제로 오클라호마로 추방한 사례를 다루었지만, 강제 이주의 이유에 대해서는 하나같이 농장주들이 목화를 심을 땅을 확보하기 위해서였다고 설명했다. 역사책들은 골드러시와의 연관성은 거의 언급하지 않고 있지만, 금이 원주민들을 쫓아낸 중요한

---

03 1849년 캘리포니아 골드러시 때 금을 찾아 캘리포니아로 몰려간 사람들. 금이 처음 발견되고 사람들이 모이기 시작한 것은 1848년이었고, 점차 소문이 퍼지면서 전 세계에서 9만 명가량이 캘리포니아로 이동했다. 샌프란시스코 포티나이너스(San Francisco 49-ers)는 프로미식축구팀의 이름이기도 하다.

04 아메리카 대륙 초기 이주민들은 자신들의 문화에 비교적 쉽게 동화한 체로키(Cherokee), 치커소(Chickasaw), 촉토(Choctaw), 크리크(Creek), 세미놀(Seminole) 부족을 다른 부족과 구별해 '문명화된' 부족이라고 칭했다.

이유였음에는 틀림이 없다.

애팔래치아 골드벨트에서 금이 얼마나 나왔는지는 정확히 알 수 없지만, 다량의 금이 필라델피아 조폐지국으로 흘러들어 간 것은 확실하다. 특히 조지아 주 덜라너가와 노스캐롤라이나 주의 샬럿에는 새로 조폐지국이 생겼다. 많은 이들에게 덜라너가라는 이름이 생소할 텐데, 지금의 덜라너가는 인구 5,000명 안팎의 작은 마을이지만, 골드러시가 한창일 무렵에는 약 1만 5,000명이 금을 캐러 모여들었고 이들에게 필요한 물품과 편이를 제공하는 사람들까지 더해져 매우 번화한 곳이었다.

캘리포니아 골드러시는 가장 중요한 사건으로 꼽을 만하다. 발견된 금의 양도 상당했지만, 캘리포니아 골드러시의 진정한 성과는 캘리포니아 그 자체였다. 금의 존재 때문에 캘리포니아로 사람들이 몰려들었고, 멕시코의 지배에서 벗어난 캘리포니아는 비교적 신속하게 연방(북군)에 편입했다. 골드러시 이후 단 21년 만인 1869년에는 캘리포니아와 미국 다른 지역들이 철도로 연결되었다. 1850년에서 1855년 사이 약 30만 명이 캘리포니아로 이주했다.

캘리포니아는 금을 찾는 이들의 꿈이었다. 적어도 처음 얼마 동안은 그랬다. 땅에서 그냥 금덩어리를 주워 가질 수 있었다. 금 채굴에 대한 어떠한 법적 규제도 없었기 때문에, 캘리포니아는 말 그대로 무법천지였다. 한 예로, 존 셔터라는 사람이 아메리칸 강 유역에 소유한 농장에서 금이 발견되자 사람들이 무단으로 몰려와 곡식을 훔쳐가고 가축들을 죽였다. 셔터는 결국 골드러시 때문에 파산한 것이다.

골드러시로 새로운 음식 문화가 생겨났으리라고는 상상도 못했겠지만, 실제로 캘리포니아 골드러시는 음식과 밀접한 관련이 있다. 금을 찾

TIP

뉴사우스웨일스와 클론다이크의 골드러시 때에는 이미 정부 차원의 관련 규제가 마련되어 있었다.

아 샌프란시스코에 온 프랑스 제빵사들이 고대로부터 전해 내려오는 사워도(sourdough)[05] 즉, 발효반죽을 이용한 제빵 기술을 전했기 때문이다. 발효빵은 샌프란시스코의 상징이 되었고, 샌프란시스코 포티나이너스 미식축구팀은 사워도 샘(Sourdough Sam)이라는 캐릭터를 팀의 마스코트로 정했다. 발효반죽은 이후 알래스카와 클론다이크 골드러시를 계기로 이들 두 지역까지 전파되었다. 알래스카에서 '사워도'는 골드러시에 금을 찾으러 온 사람들을 뜻하기도 했다. 겨울에도 빵을 만들어 먹을 수 있도록 효모가 살아 있는 발효반죽을 가지고 다녔기 때문이다.(누군가는 진정한 발효반죽이라면 극지방에서도 효모가 살아 있어야 한다고 주장했다.)

골드러시는 19세기를 지나 20세기 초까지 이어졌다. 엄청난 노다지가 발견된 곳은 록키산맥, 특히 파이크스 피크 인근이다. 이곳으로 몰려든 사람들은 "파이크스 피크에 가거나, 파산하거나!"라는 구호를 외치며 열심히 금을 찾았다. 현재 파이크스 피크는 콜로라도 주에 속하지만 금이 발견된 1859년에는 캔자스 준주에 속해 있었다.

땅 위에 굴러다니는 금덩어리를 주워 담는 사람이 임자라는 소문에

05 효모를 배양해 발효시킨 반죽. 빵을 만들 때 일부를 남겨두었다가 다음 빵을 발효시킬 때 사용하기 때문에 발효종, 종반죽, 씨반죽이라고도 한다.

미국 콜로라도 주 엘파소 카운티에 있는 산, 파이크스 피크.

포티나이너들은 귀가 솔깃했겠지만, 호주에서 온 에드워드 하그레이브스에게는 그런 행운이 따르지 않았다. 그는 빈손으로 귀향한 후 금이 발견된 캘리포니아의 지형과 호주의 뉴사우스웨일스의 지형이 유사하다는 점을 떠올렸다. 그길로 그는 뉴사우스웨일스로 가 금을 발견했고, 그것이 호주 골드러시의 시작이었다. 당시 정부 관계자들은 이미 금이 매장되어 있다는 사실을 알고 있었지만 공표하지 않고 있었다. 한편 1872년 베른하르트 홀테르만이라는 사람이 그때까지 발견된 것 중 최대 크기의 금덩어리를 발견했다. 무게가 무려 700파운드(약 320킬로그램)가 넘었다.

최고의 노다지는 남아프리카의 비트바테르스란트였다. 요하네스버그 시에 속하는 이곳에서 전 세계에서 채굴된 금의 대부분이 나왔을 것이다. 캘리포니아나 뉴사우스웨일스와 달리 큰 금덩어리가 나오지는 않지만, 땅속에 풍부한 금맥이 있어서 현재도 지하 채굴이 계속되고 있다. 남아프리카공화국이라니 이곳이 골드러시 지역 가운데 가장 남쪽에 위치한 것은 아닐까 생각할 수도 있지만, 그렇지 않다.

골드러시 행렬이 남쪽으로 가장 멀리 도달한 것은 1883년에서 1906년 사이였다. 남아메리카 최남단 티에라델푸에고에서 좌초한 프랑스 선박 아르티크 호의 선원들을 구하기 위해 파견된 구조대가 금을 발견했다. 세계 곳곳에서 금을 찾아 사람들이 몰려들면서 푼타아레나스는 대도시로 성장했다. 상업적 채굴이 시작되면서 동원된 달마시아 출신의 크로아티아 광부들을 비롯해 티에라델푸에고는 다양한 국적의 집합소가 되었다.

뉴욕 주의 버펄로 시가 사람들에게 알려진 것은 O. J. 심슨과 프랜 스트라이커[06] 때문이다! 프랜 스트라이커는 라디오 드라마와 책으로 유명한 《론 레인저(Lone Ranger)》의 작가다. 왕립캐나다 기마경찰 프레스턴 경사[07]가 주인공인 극본도 썼다. 론 레인저의 "이랴, 실버!"처럼 프레스턴 경사도 썰매 개들에게 "달려, 킹, 달려, 허스키!"라고 외치면서 늘 어디론가 달려갔지만, 프레스턴 경사는 론 레인저만큼의 인기는 누리지 못했다. 프레스턴 경사는 화이트호스와 도슨 사이를 썰매로 이동하곤 했는데, 두 곳이 정확히 어디쯤인지는 사람들에게 잘 알려지지 않았다. 도슨 시는 인근의 클론다이크 강에서 금이 발견되면서 골드러시의 중심지가

---

06 1903~1962년. 미국의 극작가, 만화 작가. 라디오 극으로 시작한 서부극 《론 레인저》가 크게 인기를 끌면서 TV 드라마, 영화 시나리오 작가로도 활약했다.

07 라디오 극 〈챌린지 오브 더 유콘(Challenge of the Yukon, 1938)〉의 주인공. 1951년 〈서전트 프레스턴 오브 더 유콘(Sergeant Preston of the Yukon)〉이라고 제목이 바뀌었으며 바뀐 제목 그대로 TV 시리즈로 제작되었다.

되었던 도시다. 클론다이크 골드러시로 미국인들은 골탕을 먹었는데 무작정 알래스카로 가면 된다고 생각했기 때문이다. 1896년부터 1899년까지 10만 명 넘는 사람들이 클론다이크로 향했고, 거의 대부분이 일단 알래스카 스캐그웨이로 갔다가 험한 산을 넘어 캐나다의 유콘 준주로 들어갔다. 알래스카에서도 금이 많이 발견된 것은 사실이지만, 클론다이크는 캐나다에 있다.

캘리포니아 골드러시를 떠올리며 만드는 빵 요리

"(프로스팅을 잔뜩 올린) 시나몬 롤을 먹는 동안은 슬퍼할 겨를이 없다."
_T.M. 레데콥

◆ 시나몬 트위스트

몇 년 전 하와이안 항공의 영업담당 직원들이 우리 농장에 다녀간 적이 있다. 그 일을 계기로 난생처음(남편 출장을 따라가는 것 말고) 진짜 가족 휴가를 떠나게 된 우리는 모처럼 본토 여행을 했다! 우리 가족으로서는 정말 큰맘 먹고 떠난 여행이었다. 우리는 아름다운 경치를 마음껏 누렸다. 그랜드캐니언은 숨을 못 쉴 정도로 근사했다. 그때 느낀 경이로움은 말로 다 표현할 수 없다. 나는 그랜드캐니언 남단에서 석양을 배경으로 앉아 있는 아이들의 사진을 찍었다. 기온은 점점 내려갔고 우리는 자동차 뒤에 걸터앉아 빵, 치즈, 살라미, 올리브로 요기를 했다.
그 여행은 우리 가족의 첫 번째 자동차 여행이기도 했다.(하와이는 자동차 여행을 할 만큼 넓지 않다.) 콜로라도 주의 탄광촌 크리스털에 살고 있는 크리스와 레이첼 콕스 부부네 집에도 들렀다. 절벽을 따라 난 좁고 험한 길 때문에 필요한 물건은 모두 외부에서 가져와야 했다. 동네 안에서 구할 수 있는 것이라곤 개울에서 잡은 송어뿐이었다. 덕분에 우리는 새로운 경험을 했다. 모닥불을 수없이 지폈고, 산책도 했고, 야외에서 음식도 해먹고, 서로 재미있는 이야기도 해주고, 바깥에 있는 화장실도 써보았다. 무엇보다 장작을 때서 요리하는 법을 배웠다. 장작불로 요리한 지 25년이 넘었다는 레이첼에게 시나몬 트위스트를 몇 번이나 만들어봤냐고 물었더니 하도 많이 만들어서 세다가 잊어버렸다고 했다. 그때 먹어본 시나몬 트위스트 맛을 잊을 수가 없다.

– 16인분

– 반죽용 재료
- 밀가루 3½컵
- 설탕 ¼컵
- 소금 ½작은술
- 이스트 2¼작은술
- (상온에서 부드러워진) 버터 ½컵 +(녹인) 버터 2큰술, 나누어놓는다.
- 달걀 한 개, 풀어놓는다.
- 홀밀크, 한 컵

레이첼의 시나몬 트위스트.

• 바닐라 익스트랙트, 1큰술

– 속재료
• 바닐라 익스트랙트 1큰술
• 마카다미아 너트 또는 호두 잘게 잘라서 ⅓컵
• 시나몬 1큰술
• 버터 ½컵
• 흑설탕 ½컵

– 프로스팅 재료
• 크림치즈 110g, 상온에서 부드럽게 녹인다.
• 분말 설탕 한 컵
• 버터 ¼컵, 상온에서 부드럽게 녹인다.
• 바닐라 익스트랙트 1작은술
• 헤비 크림 또는 홀밀크 1~2큰술(묽은 프로스팅을 원하면 더 넉넉히 준비한다.)

– 나만의 반죽 비법
• 큰 볼에 밀가루, 소금, 이스트를 섞는다. 작은 냄비에 우유를 데운 후 버터를 넣어 녹인다. 불을 끄고 식힌다. 우유가 식으면 설탕, 달걀, 바닐라를 저으면서 넣는다. 밀가루 믹스를 냄

비에 넣고 반죽이 골고루 섞일 때가지 부드럽게 젓는다.
• 반죽이 말랑말랑하고 탄력이 생길 때까지 3~5분간 볼 안에서 치댄다. 손으로 가볍게 누르면 다시 솟아오를 정도가 적당하다.
• 볼을 행주로 덮고 20분쯤 가만히 둔다. 기다리는 동안 속 재료를 만들고, 버터 2큰술을 녹이고, 프로스팅을 만든다.(아래의 레시피를 참조한다.)
• 20분이 지나면, 밀가루를 가볍게 뿌려둔 작업대로 반죽을 옮겨 3등분 한 후, 각각 지름 약 23cm 크기의 둥근 모양으로 민다.
• 테두리가 있는 베이킹 팬에 유산지를 깔고 둥근 반죽 하나를 얹은 다음 브러시로 버터를 바른다. 준비한 속재료를 3분의 1만큼 덜어 반죽 위에 뿌린다. 나머지 반죽 두 개도 똑같이 준비한다.
• 반죽 가운데에 지름 약 5cm 정도의 원을 남기고, 잘 드는 칼로 안에서 바깥 방향으로 열여섯 조각이 나오도록 자른다.(반죽을 시계라고 생각하고, 우선 반죽을 4등분 한 후, 각각의 조각을 다시 2등분, 다시 각각을 2등분 한다.)
• 조각 하나를 들어 올려 떨어지지 않도록 잡고 가장자리가 처음의 위치로 돌아오도록 3~4회 부드럽게 꼰다. 제자리에 꾹 눌러 놓는다.
• 따뜻한 곳에 20분간 둔다.
• 180℃로 예열한 오븐에서 20분간 굽는다. 오븐에서 꺼내 팬 위에서 그대로 10~15분간 식힌다.
• 트위스트가 따뜻할 때 크림치즈 프로스팅을 뿌리거나 바른다.

– 나만의 속재료 비법
• 고무 스패튤라로 재료들을 부드러운 상태가 될 때까지 섞는다.

– 나만의 프로스팅 비법
• 크림치즈, 설탕, 버터, 바닐라 익스트랙트를 걸쭉해질 때까지 젓는다. 계속 저으면서 원하는 농도가 될 때까지 크림이나 우유를 조금씩 넣는다.

20
문명 탄생의 필요충분조건

- 하라파(인더스) 문명은 어떤 강과 관련이 있을까?
- 습지 아랍인들은 어느 강 하구에 자리 잡고 있을까?
- 헤로도토스가 말한 '나일 강의 선물'은 무엇일까?
- '만달레이로 가는 길'은 무엇일까?
- 피츠버그에서 만나는 두 강은 무엇이고 두 강이 만나서 이루는 강은 무엇일까?
- recipe. 아프리카 북서단 모로코에서 맛본 아랍인의 요리

때때로 학생들은 교수들에게 어려운 질문을 하곤 한다. 가령 (나도 받은 질문이지만) 왜 이집트인들은 수천 년 만에 위대한 문명을 일으켰는데, 호주 원주민들은 3만 년을 지내는 동안 농업조차 발전시키지 못한 걸까? 내 은사님들 중에 경제 논리에 강하신 어느 교수님은 하나의 사회가 진보하기 위해서는 우선적으로 잉여 식량을 창출함으로써 식량과 물을 얻기 위한 끊임없는 과제에서 어느 정도 벗어나야 한다고 주장했다. 일리가 있는 주장이지만 지리학자로서 충분한 답은 아니다. 잉여 식량이 무에서 창출되지는 않는다. 일부 생각이 짧은 지리학자들은 초기 문명들을 근거로 강의 중심적인 역할에 눈을 돌리고, 강이야 말로 모든 것의 근원이라고 말했다. 깨끗한 물, 음식, 수송 수단, 강의 범람으로 매번 재생되는 비옥한 토지 등등. 이 주장이 설명하지 못하는 부분은 호주에도

훌륭한 조건의 강이 몇 개 있다는 사실이다. 물론 호주에 강이 충분할 정도로 많다는 것은 아니다. 강만으로는 부족하다는 뜻이다. 하천 유역에 발달한 문명도 가축화, 작물화할 수 있는 동식물이 있어야 식량 공급을 늘릴 수 있다. 호주의 토종 동식물 가운데 가축화, 작물화된 또는 될 수 있는 종은 어떤 것일까? 호주의 강 주변에 문명이 일어나기 위해서는, 외부로부터 유입되는 무언가가 있어야 했다. 쉽게 말해 강이 있으면 좋지만, 충분조건은 아니라는 뜻이다.

지리학자와 역사학자들의 위대한 업적 덕분에 우리는 이집트와 메소포타미아의 위대한 하천 문명에 대해 많은 지식을 얻었다. 아마도 이 두 가지 문명에 대해 특히 많이 알려진 이유는 둘 다 유대-기독교인들의 지침서인 성경에 등장하기 때문일 것이다. 그 밖에 중국의 황허 문명도 잘 알려져 있다. 하지만 하라파 문명은 전혀 들어본 기억이 없을 것이다. 심지어 이 문명과 밀접한 연관이 있는 인더스 강을 힌트로 알려준다고 해도 별반 달라지지 않을 것이다. 의외겠지만 하라파(인더스) 문명은 이집트와 메소포타미아 문명보다 더 넓은 지역에 걸쳐 더 많은 사람들에게 영향을 미쳤다. 그런데도 우리는 하라파 문명에 대해서는 아는 바가 적다. 하라파 유적은 주로 현대 파키스탄에 몰려 있다. 인더스 강 유역에서 고고학 발굴이 본격적으로 시작된 것은 1930년대에 와서인데, 연구가 시작되기도 전에 이미 수많은 유적들이 파괴되거나 훼손된 상태였다. 게다가 하라파 문명이 발달했던 인더스 강의 지류들은 물이 말라버렸다.

미국과 다국적 연합군이 이라크를 침공하기 이전에 이라크에는 과연 대량 살상 무기가 있었을까? 사담후세인 정권을 꼭 무너뜨려야 했을까?

답은 각자 찾아와야겠지만 두 번째 질문에 답하기 전에 사담 후세인이 티그리스-유프라테스 삼각주에서 무슨 짓을 했는지부터 알아보자. 터키에서 발원하는 티그리스-유프라테스 수계는 두 개의 강 사이에 문명(메소포타미아 문명)이 탄생하고 발전하는 데 중요한 역할을 했다. 강물이 페르시아 만(아라비아 만)으로 흘러들어가는 삼각주 지역에는 넓은 습지가 있다. 사담 후세인은 이 습지에서 물을 빼기로 했다. 정확한 동기가 무엇이었는지는 확실하지 않다. 보통 습지 간척은 경작 면적을 늘리기 위한 경우가 대부분이다. 사담 후세인이 이제 없으므로 그에게 물어볼 수는 없지만, 그를 비난하는 사람들은 그가 순전히 군사적인 동기에서 그러한 결정을 했다고 주장한다. 자신에게 반대하는 시아파 회교도들을 습지에서 몰아내기 위해서였다는 것이다. 습지 아랍인들로 알려진 이 지역 주민들은 사담 후세인이 몰락한 직후 그가 만든 제방과 댐을 부수기 시작했다. 한때 풍요로웠던 삼각주 지역의 생태계는 이후 조금씩 회복되고 있다.

아마존 강을 숭배하는 이들은 동의하지 않겠지만, 나일 강은 세계에서 가장 긴 강이다. 가장 긴 강 논쟁을 확실하게 종결할 수 없는 단 한 가지 이유는(사파리 모자를 쓴 영국 탐험가들의 목숨을 버려가며 애쓴 보람도 없이) 나일 강이 어디에서 시작하는지 누구도 확신할 수 없기 때문이다. 강 하구에 거위 발 같은 모양을 한 땅을 우리는 삼각주 또는 델타(Δ)라고 부른다. 나일 삼각주는 바다와 면한 부분의 길이가 150마일(약 240킬로미터)이 넘고, 수천 년 동안 생산성이 떨어지지 않는 비옥한 땅이다.

비교적 최근 나일 강에 일어난 중요한 변화는 1960년대 아스완 댐 건설과 함께 시작되었다.[01] 역사상 가장 논란이 심했던 건설 프로젝트였다. 한편으로는 댐 건설로 생겨난 호수(아스완 호 또는 나세르 호) 때문에 귀중한 문화재들이 파괴되거나 유물들을 옮겨야 하는 사태가 발생했고, 자그마치 10만 명이 이곳을 떠나 이주했다. 하지만 다른 한편으로 강 하류 주변의 농사를 망치는 정기적인 범람이나 가뭄에 대비할 수 있게 되었다. 아스완 댐을 보면 늘 미국의 후버 댐이 생각난다. 주된 목적이 홍수 피해를 막는 것이라는 점 말고도 두 댐은 전력 생산이라는 공통점을 갖는다.

아스완 댐은 이로울까, 해로울까? 결론을 내리기 전에, 개리 풀러의 지리학 제1법칙을 상기해보자. 자연은 호수를 혐오한다. 댐을 건설하면 대부분의 경우 호수가 생기기 때문에, 자연은 무슨 수를 써서든지 댐을 파괴하려고 한다. 자연에 대항하려면 많은 대가를 치러야 한다. 특히 상류로부터 쓸려 내려와 쌓이는 퇴적물을 제거하는 작업에 돈과 노동력이 많이 필요하다.

이번 장의 앞머리 퀴즈에서 봤겠지만, 그리스 역사가 헤로도토스가 말한 '나일 강의 선물'이 무엇인지 묻는 질문은 수년간 여러 퀴즈 프로그램에 단골로 등장했었다. 단순한 '물'에서 얼토당토않은 '피라냐'까지 실로 다양한 대답이 나왔지만 정답은 '이집트'다.

레이 브래드버리의 소설 《화씨 451(Fahrenheit 451)》이 같은 제목의 영화로 제작되고 나서 언제부터인가 이 책은 미국 고등학교 영어 과목 필독도서가 되었다. 이 작품은 책을 불태우는 가상의 미래를 소재로 하고 있다. 또 (불은 안 피우지만, 역시나 책을 태우는 행위와 다를 바 없는) 금지도서 목

---

01 1970년 7월에 완공되었다.

록의 존재 자체가 사람들의 분노를 불러일으키기도 한다. 최근 어느 고등학생과 대화를 나누다가 문득 그 아이가 어떤 책들이 금서로 지정됐었는지는 줄줄 외고 있으면서, 정작 책은 별로 읽지 않는다는 것을 알게 되었다. 고등학교 영어교사들과 대학교수들이 금서 지정에 대해서는 분통을 터뜨리면서 실제로는 많은 책들을 (효과적으로) 불태워온 것은 아닌지, 적어도 내게는 그런 의구심이 든다. 러디어드 키플링도 학교가 태워버린 작가 중 하나다. 그가 쓴 소설과 시들은 영국령 인도를 배경으로 하고 있다. 노벨문학상을 수상하기도 한 그의 작품에 등장하는 토미 앳킨스, 강가 딘, 킴 오하라 같은 이름들은 지금의 학생들에게는 멸종한 공룡의 이름처럼 아무런 감동도 주지 못한다.

키플링의 유명한 시 '만달레이로 가는 길'에 대해 질문을 하려니 좀 어색하다. 문학적으로는 훌륭한 시라고 해도 지리학자 입장에서 볼 때 지적할 점이 많기 때문이다. 우선 중국은 바다만 건너면 바로 있는 그런 곳이 아니다. 서양인들이 있는 곳에서는 보이지 않는다. 대중들에게 '만달레이로 가는 길'은 동남아시아 문명에 기여한 여러 강 중 하나인 이라와디 강을 소재로 한 작품으로 알려져 있다.

키플링도 틀렸지만, 그때나 지금이나 지리학자들도 별반 다를 게 없다. 이라와디 강이 흐르는 나라를 뭐라고 부를지 확실하게 정하지 못했기 때문이다. 많은 자료에서 '미얀마'로 칭하고 있지만, 나는 악랄한 군사 정권이 내세우는 그런 이름보다는 '버마'라고 부르고 싶다. 이라와디 강은 버마에 있다. 버마를 북에서 남으로 흘러 내려와 안다만 해로 들어간다. 노벨평화상 수상자인 아웅 산 수지를 가택에 연금시킨 버마의 군부는 이라와디 강과 그 지류에 댐을 일곱 개나 세웠다.

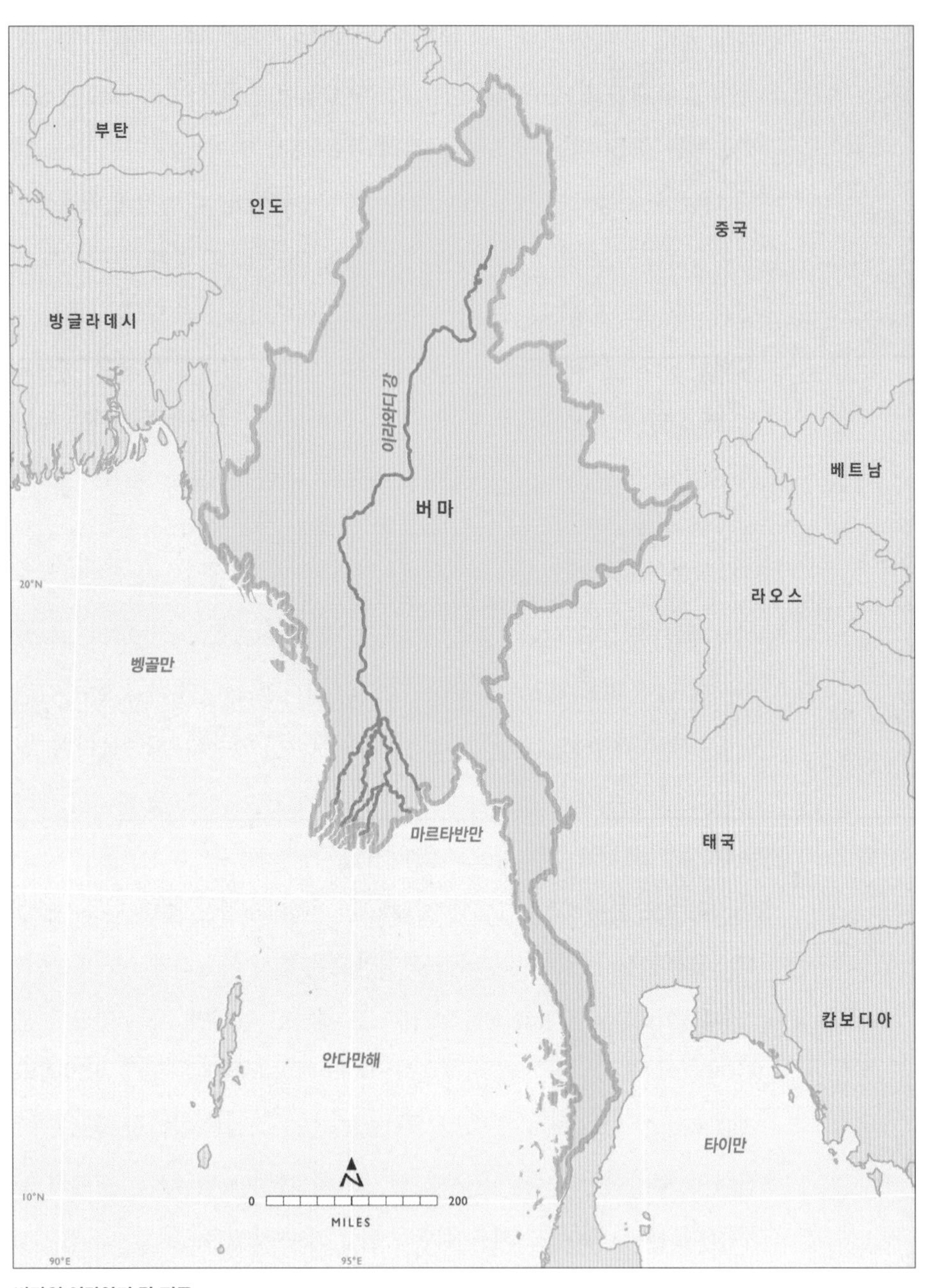
부탄
인도
중국
방글라데시
이라와디 강
베트남
버마
20°N
라오스
벵골만
마르타반만
태국
캄보디아
안다만해
타이만
0
200
MILES
10°N
90°E
95°E

버마의 이라와디 강 지도.

버마의 이라와디 강 모습.

펜실베이니아 주 피츠버그의 역사를 보면, 과거 이곳은 같은 펜실베이니아 주의 필라델피아보다 한참 먼 루이지애나 주의 뉴올리언스와 교류가 더 잦았다. 지나친 비약인지 모르지만, 피츠버그와 필라델피아 사이의 산들은 로키 산맥만큼이나 넘기 힘든 장벽이었기 때문이다. 피츠버그는 앨러게니 강과 머난거힐라 강이 만나는 지점에 위치한다. 앨러게니 강은 유수량이 많으며, 동쪽 어딘가에서 시작해 북쪽으로 뉴욕까지 흘렀다가 다시 남쪽 피츠버그로 내려온다. 운송로로서 그다지 매력적이지 않지만, 강이 흐르는 경로를 따라 화석연료가 풍부하게 매장되어 있다. 머난거힐라 강은 식민지 시대와 건국 초기, 버지니아(지금의 웨스트버지니아)와 메릴랜드 쪽에서 서쪽으로 산을 넘어 이동하는 정착민들에게 유용한 수송로였다. 두 강 모두 손에 꼽을 정도로 중요한 강은 아니지만 피츠버그에서 합류해 오하이오 강이 되고 다시 남으로 흘러 루이빌의 폭포들을 우회한 다음 미시시피 강으로 이어진다. 미시시피 강은 뉴올리언스를 지나 바다로 나간다.

TIP

피츠버그(Pittsburgh)를 영어로 쓸 때 끝에 'h'를 빠트리면 피츠버그 사람들이 화를 낼지도 모른다. 캔자스 주 피츠버그(Pittsburg)라면 괜찮지만, 펜실베이니아 주 피츠버그는 'h'를 꼭 넣어야 하기 때문이다. 하지만 1890년에서 1911년까지는 공식적으로 'h'를 빼고 쓰기도 했다.

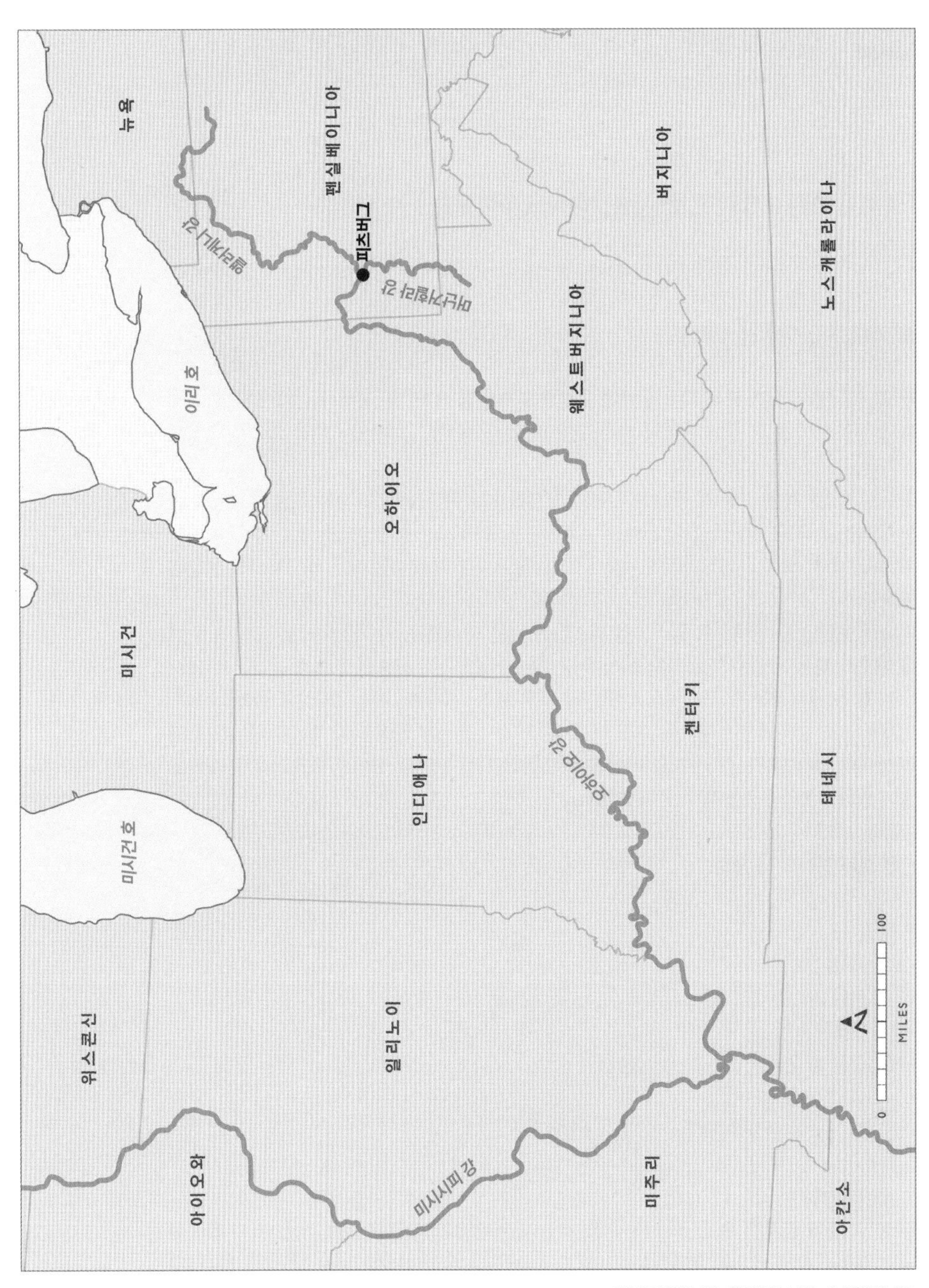

머난거힐라 강, 앨러게니 강, 오하이오 강.

아프리카 북서단 모로코에서 맛본 아랍인의 요리

"백 명을 먹일 수 없다면, 한 사람만이라도 먹이세요." _마더 테레사

◆ 북아프리카식 팬 브레드

몇 해 전 남편과 함께 정부 지원을 받아 모로코를 여행할 기회가 있었는데, 고대 문화의 정취가 물씬 느껴지고, 곳곳에 전통의 흔적이 남아 있는 나라였다. 특히 옛 방식 그대로 음식을 조리하는 모습이 인상적이었다.
모로코에서는 빵을 구울 때 특이하게 공동 오븐을 사용한다. 당장 에너지 효율 면에서만 봐도 유리하고, 지역 주민들 간의 관계도 돈독해지는, 나로서는 경험한 적이 없는 효과를 기대할 수 있었다. 아마도 집집마다 오븐을 갖출 만큼 여유롭지 못했던 오랜 옛날부터의 전통인 듯하다.
내가 방문한 곳은 성벽으로 둘러싸인 페스라는 작은 도시였다. 각 가정에서는 그날 먹을 빵을 반죽한 다음 시 중심부로 가지고 와 장작 오븐에 넣었다가 나중에 가족 중 누군가가 와서 빵을 찾아갔다. 빵은 매 끼니마다 나오는데 구운 채소, 올리브, 구운 고기등과 함께 먹었다.
이제부터 소개할 빵은 모로코의 수도 카사블랑카에서 영감을 얻어 내가 개발한 메뉴에 포함된 빵이다. 바로 구워서 따뜻하고 바삭할 때 먹어야 가장 맛있다. 버터를 바르거나 올리브 오일에 찍어먹거나 소금을 뿌려 먹어도 좋다.

– 팬 크기 브레드 네 덩이

– 재료
• 밀가루 세 컵
• 인스턴트 이스트 2작은술
• 소금 1작은술
• 미지근한 물 한 컵
• EVOO 약 한 컵
• 적당히 썬 허브로 향을 더할 수도 있다.(선택)

– 나만의 비법
• 커다란 볼에 밀가루, 이스트, 소금, 물을 넣고 재료가 잘 섞이도록 젓는다. 이스트가 활성화되어 거품이 생길 때까지 몇 분간 가만히 둔다. 반죽에 물기가 많은 것이 정상이지만, 너무 질척해서 다루기 힘들다면 밀가루를 조금, 한 번에 한 큰술씩 추가하고, 너무 뻑뻑하면 물을

한 번에 1큰술씩 더 넣어가며 농도를 맞춘다.

• 손에 올리브 오일을 바르고 작업대에도 브러시로 오일을 바른다. 볼에서 꺼낸 반죽을 가볍게 치댄다.

• 탄력이 생기도록 반죽에도 올리브 오일을 적당히 넣어준다. 너무 많이 치대지 않도록 한다. 물기가 어느 정도 있어서 진득거려야 한다.

• 제빵용 스크래퍼나 칼로 반죽을 4등분 하고 각각을 둥글게 뭉친다. 브러시로 오일을 바른 반죽을 유산지가 깔린 베이킹 팬에 올린다. 따뜻한 곳에 두고 반죽이 부풀기를 기다린다.

• 30분이 지나면 밀대에 (손에도) 오일을 바르고 반죽을 각각 약 0.6cm 두께로 민다. 필요하면 바닥에도 오일을 바른다. 밀어놓은 반죽을 봉투처럼 세 겹으로 접는다. 밀어서 접는 과정을 5~6회 반복한다.

• 마지막으로 접은 반죽을 (밀대와 손을 사용해) 가볍게 잡아당겨 지름 20cm의 원을 만든다. 반죽이 잘 안 늘어나면 1~2분가량 두었다가 다시 시도한다. 부드럽게 잘 늘어나야 한다. 나머지 뭉쳐놓은 반죽덩이도 같은 과정을 거쳐 모양을 만든다. 반죽을 따뜻한 곳에 두고 부풀어 오르도록 다시 30분간 기다린다.

• 약 25분 정도 지났을 때 미리 주물 프라이팬을 중불에 올려놓는다.(꼭 주물 팬을 사용하기를 권한다. 온도가 쉽게 변하지 않아야 빵이 잘 구워진다.)

• 반죽 하나를 두께 0.6cm가 약간 넘도록 민다. 먼저 팬에 닿을 면에 오일을 바르고 소금을 약간 뿌린다. 오일을 바른 부분이 바닥에 오도록 1분간 팬에서 구운 후 금속 뒤집개로 한쪽만 살짝 들어 올려 바닥이 노릇하고 바삭하게 구워졌는지 확인한다. 노릇해졌으면 반대편에 오일을 바른 후 뒤집고 역시 노릇해질 때까지 굽는다. 충분하게 구워지지 않은 부분이 있으면 다시 뒤집어 뒤집개로 눌러가며 골고루 굽는다.

• 그릴 망으로 옮겨 베이킹 팬에 올린 후 따뜻하게 데워진 오븐에 넣어둔다. 나머지 반죽도 같은 과정을 반복한다. 완성된 빵은 그릴에 구운 고기와 함께 낸다. 파프리카 양파 잼이나 고수-라임 디핑 소스 레시피를 곁들이려면 14장 레시피를 참조한다. 맛있게 먹는다!

21
지난 50년, 변화의 시대

- 미국 공화당은 어디에서 시작되었을까?
- 수전 B. 앤서니는 여성 해방에 가장 큰 공헌을 한 것이 무엇이라고 했나?
- 라디오 프로그램 제목에서 따온 뉴멕시코 주의 도시 이름은?
- 케이블 TV가 처음 등장한 곳은?
- 미국 최초의 진입 제한이 있는, 장거리 유료 자동차도로는?
- recipe. 1970년대 미국, 추억의 TV 디너 요리

인간은 다양한 시대와 혁신적인 변화를 거치며 살아왔다. 중세 암흑시대 이후 르네상스, 계몽주의, 산업혁명에 이어 원자력의 시대와 컴퓨터 시대까지, 각각의 시대는 또다시 작은 시대들로 세분화되었다. 지금의 우리는 어떤 시대를 살고 있을까? 나는 지난 50년을 변화의 시대로 정의할 수 있다고 본다. 새로운 기계와 전자 기기의 발명만을 의미하는 것은 아니다. 기술이 놀라운 속도로 발전한 것은 사실이지만, 그래도 자동차는 여전히 자동차, 비행기는 여전히 비행기일 뿐이다. 정말로 우리가 주목해야 할 변화는 인간의 생각과 행동에 일어난 변화다. 일례로, 결혼은 이제 더 이상 누구나 거치는 평범한 의례가 아니다. 결혼을 한다고 해도 일부일처 형태의 관계 대신 다수의 상대와 연속적으로 관계를 맺는 형태로 바뀌어가고 있다. 가정은 핵가족화되고, 구성원들이 멀리

떨어져 산다는 이유만으로 명절에도 굳이 모이지 않는다. 우려했던 인구폭발은 일어나지 않았지만, 조만간 세계 인구는 감소할 전망이다. 종교에 목숨 걸던 미국인과 유럽인들이 점점 신을 믿지 않는다는 것도 적어도 최신 조사를 통해 명확하게 드러난다.

지리학자들은 오랫동안 변화를 연구했다. 한때 지리학이 한 지역이 다른 지역과 어떻게 다른지에 집중했던 적이 있다. 결국 한 장소에서 다른 장소로 여행하면서 개인이 경험하는 풍경, 언어, 종교, 생계 수단 등을 비롯한 수많은 차이가 지리학의 연구 대상이었다. 이런 방식으로 변화를 연구하던 시기에는 드러나는 차이를 어떻게 표현할 것이냐가 관건이었다. 이후 지리학은 두 장소가 어떤 방식으로 다른지, 또 차이를 야기하거나 차이가 발생하도록 영향을 미친 요인이 무엇인지를 체계적으로 검토하는 분석 학문으로 발전했다. 좀 더 시간이 지나 지리학은 앞으로의 변화는 어떻게 일어나며, 여러 가지 요인과 힘이 그러한 변화를 초래할 것인지에 눈을 돌리게 되었다. 지리학자들은 특히 미래에 어떤 사건이 벌어질 '가능성'에 대해 관심을 갖게 되었다. 지금의 관점에서는 보잘것없는 생각이나 사건이 미래의 거대한 변화로 이어질지도 모른다. 예를 들어 음성증폭기술과 이후 증폭된 음성을 전파에 실어 보내는 기술은 모두 미국의 전기공학자 리 디포리스트가 발명한 삼극진공관이라는 장치가 있었기에 가능했다.

미국의 헌법을 제정한 건국의 아버지들(founding fathers)도 미국 정치의 근간이 된 정당정치나 양당 체제의 발전을 예견하지 못했다. 1820년에서 1850년 사이에 등장한 두 개의 정당은 친 대통령 파인 민주당과 강력한 행정부를 내세운 앤드류 잭슨 대통령의 정책에 반대했던 휘그당이었다. 이후 휘그당 내의 심각한 분열로 인해 당시 현직 대통령이던 밀러드 필모어가 원래 소속당인 휘그당으로부터 후보 지명을 받지 못하는 묘한 상황이 벌어졌다. 이와 동시에 새로운 정당이 등장했다. 공화당이라는 이름의 새 정당은 위스콘신 주 리펀에서 설립되었으며, 시작부터 노예제에 반대했다. 하지만 공화당이 주장한 것은 노예제 완전 폐지가 아니라, 노예제를 이미 시행 중인 주에서만 제한적으로 허용하자는 것이었다. 공화당은 북부의 주들을 중심으로 세력을 급속히 확대했다. 1860년 시카고에서 열린 두 번째 대통령 후보 경선에서 에이브러햄 링컨이 공화당 후보로 당선되었다. 미국 정치 역사상 가장 기적적인 순간 가운데 하나였다. 이후 1932년까지 공화당이 미국의 정계를 주도했다. 1854년까지는 이 당이 존재하지도 않았다는 점을 생각하면, 공화당이 가져온 변화는 너무나도 극적이었다.

여성 권리 운동과 노예제 폐지 운동은 남북전쟁 이후까지 매우 강하게 결속되어 있었다. 1870년, 미국 수정헌법 제15조는 인종에 관계없이 누구에게나 투표권을 인정했다. 단, 남자에 한해서였다. 이후 여성의 참정권을 요구하는 여성단체가 늘어나고, 행동은 더욱 과격해졌다. 수전 B. 앤서니는 여성참정권 운동에 앞장섰던 인물이다. 특히 1872년 뉴욕주 로체스터에서 투표를 했다는 이유로 유죄판결을 받은 이후 더욱 유명해졌다. 앤서니가 투쟁하던 바로 그 시기에 새로운 교통수단이 인기를 끌기 시작했다. 이 교통수단의 등장으로 특히 많은 여성들이 이동의 자유를 누리게 되었고 앤서니가 여성 해방에 가장 큰 전환점을 가져왔다고 칭송한 이것은, 바로 자전거였다!

최초의 자전거가 등장한 것은 17세기, 어쩌면 더 이전 시대로 거슬러 올라간다. 초기의 자전거는 걷거나 달려서 추진력을 얻는 지금의 킥보

1914년, 수전 B. 앤서니가 '비스토우-몬델에 협약에 대한 전미여성주의연합의 지지'를 수레에 내건 모습.

드 같은 형태였다. 17세기 후반에 이르러서야 고무 타이어, 앞뒤의 크기가 같은 바퀴, 페달을 밟아 체인으로 바퀴를 돌리는 구동 방식 등으로 지금과 좀 더 비슷한 형태를 갖추게 되었다. 자전거는 자동차와 거의 비슷하게 등장했고 곧이어 비행기가 발명되었다.(라이트 형제가 자전거를 만들고 수리하는 기술자였다는 것은 잘 알려진 사실이다.) 미군은 시험적으로 자전거를 도입했다가 그만두었지만, 일본군은 자전거를 전쟁에 투입했고 2차 대전 중 동남아시아를 단시간에 침략하는 데 매우 효과적으로 활용했다. 자전거를 이용하면 밀림 속을 빠른 속도로 이동할 수 있었기 때문이다.

두 가지 중요한 기술 혁신이 달성되기 이전, 정당 후보들과 정치 지도자들은 인쇄물과 입소문에 의존해 메시지를 전파했다. 대중연설이 일반화되어 있었지만, 대규모 집회에 나가 직접 연사의 목소리를 들을 수 있는 사람은 많지 않았다. 음성증폭기술(확성기)의 발달로 이런 제약이 해소되었지만, 무엇보다 중요한 변화는 라디오 방송 시대의 도래였다. 라디오 방송의 원년은 1920년, 방송국이 등장한 해였다. 네덜란드, 미국, 캐나다, 아르헨티나에서 최초의 라디오 방송이 시작되었다.

TIP

피츠버그의 KDKA는 인가받은 미국 최초의 방송국으로 알려져 있다. 하지만 같은 시기에 문을 연 곳이 적어도 한 군데는 더 있었다. 디트로이트에 있는 방송국인데 비록 인가받은 곳은 아니지만 비슷한 시기에 방송을 시작했다.

라디오의 등장으로 국가 지도자들은 대중에게 직접 다가갈 수 있었다. 라디오는 엄청난 힘을 발휘해 아돌프 히틀러를 권좌에 올렸고, 처칠과 프랭클린 D.루스벨트를 도와 히틀러에 맞서는 대중의 힘을 집결시켰다. 라디오의 힘이 가장 뚜렷하게 각인된 것은 1938년 '머큐리시어터 온 디 에어(Mercury Theatre on the Air)'[01]가 H. G. 웰스의 '우주전쟁(The War of the Worlds)'[02]을 방송했을 때였다. 실감 나는 라디오 극을 진짜 뉴스로 착각한 당시 뉴욕과 뉴저지의 대중들은 공황상태에 빠졌다. 지구를 침공한 (화성인으로 추정되는) 정체불명의 외계인들이 이 지역을 공격한다는

01 1938년 7월 11일부터 12월 4일까지 미국 CBS 라디오에서 주 한 시간씩 방송한 라이브 드라마. 머큐리 시어터는 오손 웰스와 존 하우스먼이 설립한 극단으로 CBS 방송국에서 브람 스토커의 드라큘라, 알렉상드르 뒤마의 몽테크리스토 백작 등 고전 문학 작품을 라디오 극으로 각색해 생방송으로 공연했다.

02 영국의 작가 허버트 조지 웰스(Herbert George Wells, 1866~1946년)가 1897년 발표한 SF소설. 인류와 외계인의 전쟁을 다룬 가장 초기 작품들 가운데 하나로 원작은 영국이 배경이다. 여러 차례 영화와 드라마로 만들어졌는데, 국내에는 2005년 스티븐 스필버그 감독, 톰 크루즈 주연으로 제작된 영화가 잘 알려져 있다.

내용이었기 때문이다.

TIP

프랭클린 D. 루스벨트 대통령의 노변정담(난롯가의 담화)[03]은 미국인들에게 큰 감동과 위안을 주었다. 방송은 매번 지도를 준비하라는 대통령의 요청과 함께 시작했다. 루스벨트 이후에 대중 연설에 지도를 사용한 대통령이 몇이나 될까?

잭 베니, 론 레인저, 아서 갓프리, 랠프 에드워즈는 모두 라디오 시대에 미국인들에게 즐거움을 선사한 이름들이다. 하지만 TV가 등장할 때까지 그들의 얼굴을 본 사람이 아무도 없었다. 나는 랠프 에드워즈라는 사람의 얼굴을 본 적도 없지만 그가 출연한 라디오 프로그램은 뉴멕시코에서는 절대로 잊히는 일이 없을 것 같다. 그의 방송 제목을 딴 트루스 오어 칸서퀜시즈(Truth of Consequences)라는 이름의 도시가 있기 때문이다.

대학원에 다니던 1965년 내 동료 하나가 학과 세미나에서 믿기 힘든 예언을 했다. 20년 안에 모든 사람들이 당시에는 '유료 TV'라고 부르던 서비스를 사용하게 될 것이라는 주장이었다. 나는 속으로 안테나만 있으면 무료로 TV를 볼 수 있는데 누가 굳이 돈을 내는 서비스를 따로 신청하겠느냐며 별로 대수롭지 않게 생각했다. 그 뒤로 나는 가끔 그때 그 대학원생이 놀라운 통찰력을 이용해 큰 부자가 되어 있으면 좋겠다는 생각을 한다. 케이블 방송과 위성TV 서비스가 그의 예상보다 더 일찍 현실화되었기 때문이다. 특히 케이블 서비스는 펜실베이니아에서 상업

03 미국의 32대 프랭클린 D. 루스벨트 대통령은 1933년부터 1944년까지 총 30회에 걸쳐 라디오 방송을 통해 국내외 현안과 정책에 대해 국민들에게 직접 설명했는데 장황한 연설조의 어투를 피하고 일상 대화체의 어휘를 주로 사용해 '난롯가의 담화'라는 별칭을 얻게 되었다.

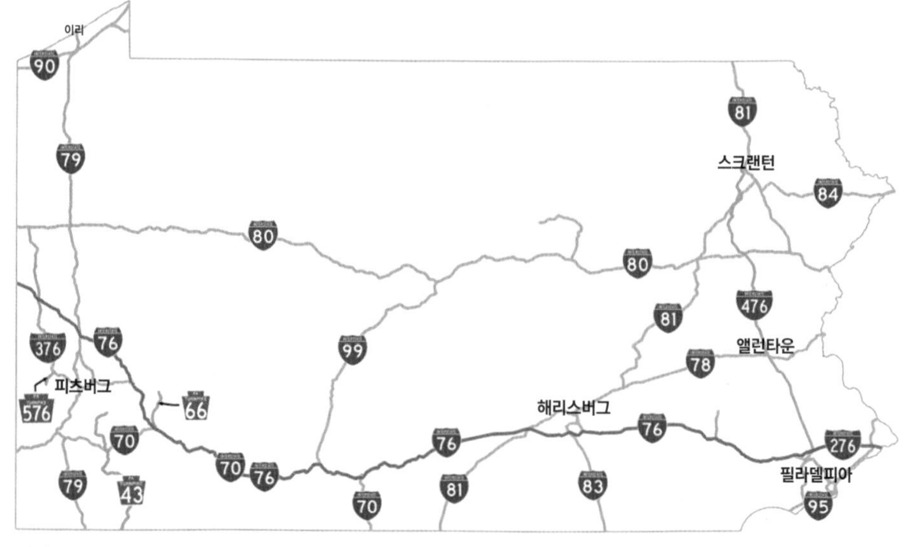

펜실베이니아의 턴파이크.

적으로 크게 성공했다. 산이 많은 지형이라 TV 신호가 잘 안 잡히는 가정이 많았기 때문이다. 사실 펜실베이니아 주립대학 시절 나는 누구보다 먼저 케이블 서비스에 가입했었다.

지금은 주간고속도로망(Interstate Highway System) 때문에 일반화된, 진입 제한이 있는 장거리 유료 고속도로라는 개념이 처음 도입된 것은 독일에 아우토반이 구축되면서부터였다. 아우토반을 처음 구상한 것은 1920년대 바이마르 공화국 시대였지만, 실행에 옮긴 것은 아돌프 히틀러였다. 그는 1930년대 10만 명이 넘는 인원을 동원해 아우토반을 건설했다. 1936년 아우토반에서 공공 고속도로 주행 자동차 사상 최고 기록이 달성되었는데 시속 270마일(434.5 킬로미터)이 넘었다.

유료 자동차 도로라는 아우토반의 구상이 미국으로 건너간 것은 1930년대 말 펜실베이니아 주가 펜실베이니아 턴파이크 건설을 시작하면서부터였다. 첫 구간이 완공된 것은 1940년이었다.

1970년대 미국, 추억의 TV 디너 요리들[01]

"너무 공들여 차려놓은 음식은 좋아하지 않는다. 셰프가 상차림에 신경 쓰느라 요리에 소홀했던 것은 아닌지 의심하게 되기 때문이다." _앤디 루니

내가 어렸을 때는 다들 'TV 디너'가 세련된 먹거리라고 생각했다. 깔끔한 알루미늄 용기에 예쁘게 담겨 나오는 'TV 디너'는 간편한 데다가 온 가족이 TV를 보며 먹을 수 있었기 때문이다. 나는 늘 반죽을 입혀 튀긴 피시스틱(사실은 넓적한 피시필레를 더 좋아했지만)을 골랐지만 따뜻한 애플 소스는 입에 맞지 않았다. 그 밖에도 애플 소스를 뿌려 먹는 즉석 식품은 햄버그스테이크, 프라이드치킨, 미트로프 등등 종류가 다양했다. 하지만 금세 싫증이 났다. 처음에는 신기해서 좋아했지만, 값도 비싸고 음식의 질도 좋지 않았다.

나는 추억의 TV 디너를 더 건강하고 맛있게 재현해 보았다. 미트로프는 엄마의 레시피를 기반으로 채소와 향신료를 몇 가지 첨가했다. 단, 식빵용 팬에 굽는 레시피가 아니다. 채소를 잘게 썰어야 하므로 나는 푸드 프로세서를 사용한다. 안 그러면 재료가 잘 뭉쳐지지 않는다. 채소가 골고루 섞여 들어가 있으므로 평소 입이 짧아서 채소를 잘 안 먹는 사람들에게도 좋다. 나는 윤기가 흐르도록 완성 단계 직전에 바베큐 소스를 뿌리고, 소스를 유난히 좋아하는 가족들을 위해 여분의 소스도 따로 낸다. 완두콩 샐러드는 호놀룰루에서 항구가 내려다보이는 레스토랑 허레이쇼에 갔다가 먹어본 비슷한 요리를 내 방식대로 응용해본 것이다.

이번 레시피는 먹다 보면 사람들이 자꾸만 더 달라고 하는 그런 요리들로 구성했다. 잘 알려져 있는 매시드포테이토 레시피는 일부러 넣지 않았다. 크리미하고 사워크림 풍미가 살짝 느껴지도록 집에서 만들거나 사다 먹거나 어느 쪽이든 상관없다. 구운 마늘이나 신선한 차이브를 취향대로 올려 먹어도 좋다.

오븐에 데운 즉석요리를 온 가족이 함께 TV 보며 먹던 그때를 떠올리며 새로운 추억을 만드는 시간이 되었으면 좋겠다.

---

01 1919~2011년. 미국의 방송작가, 시사 논평가. 미국 CBS 방송국 식스티미니츠(Sixty Minutes)의 고정 코너인 '어 퓨미니츠 위드 앤디 루니(A Few Minutes with Andy Rooney)'를 사망한 해인 2011년까지 30년 넘게 진행했다.

◆ 야채와 향신료로 보강한 엄마표 미트로프[02]

– 6~8인분

– 재료

• 식빵(아무 식빵이나 상관없지만 나는 발효식빵을 선호한다) 세 조각, 잘게 찢는다.
• 우유 한 컵
• 달걀 두 개, 가볍게 푼다.
• 디종 머스터드 ½작은술
• 소금 ½작은술
• 우스터소스 1큰술
• 핫소스 조금(3~4회 뿌릴 수 있는 양이면 된다)
• 다진 고기 약 450g(나는 살코기 80% 다진고기를 쓰지만 지방 함량이 더 적어도 상관없다), 녹인다.
• 다진 소시지 약 450g(나는 지미 딘의 '매운맛' 소시지를 쓴다), 녹인다.
• 셀러리 네 줄기, 잘게 썬다.
• 당근 작은 것 세 개, 껍질을 벗기고 잘게 썬다.
• 펜넬 벌브 큰 것 한 개, 잘게 썬다.(펜넬 벌브를 구할 수 없다면 펜넬 씨앗 ½작은술)
• 바베큐 소스 반죽용 반 컵, 식탁에 따로 낼 여분의 소스도 준비한다.

– 나만의 비법

• 테두리가 있는 베이킹 팬에 알루미늄 포일이나 유산지를 깐다. 포일이나 유산지는 설거지할 때 편하라고 까는 것이므로 전적으로 선택사항이다.
• 큰 볼에 잘게 찢은 빵, 우유, 달걀, 머스터드, 소금, 우스터소스, 핫 소스를 넣고 재료가 잘 섞이도록 저어준 후 5분간 둔다.
• 쇠고기, 돼지고기, 채소를 넣고 손으로 부드럽게 섞는다.
• 섞은 재료를 반으로 나누어 각각 빵 덩어리 모양으로 뭉친다. 재료 두 덩어리가 서로 닿지 않도록 베이킹 팬에 나란히 올린다. 두었다 쓰려면 유산지나 포일, 비닐 랩 등으로 빈틈없이 싸서 얼려도 된다.
• 180℃로 예열한 오븐에서 45분간 굽는다. 육류용 온도계로 고기 속 온도를 확인한다. 미디엄으로 구우려면 63℃ 정도가 적당하다(앞으로 10~15분 더 조리과정이 남았다.)
• 고기를 꺼내 선호하는 종류의 바베큐 소스를 바르고 오븐에 넣고 5분간 더 굽는다. 오븐을 끄고 10분간 오븐 안에 둔다.
• 오븐에서 꺼낸 뒤 10분간 식혔다가 자른다. 여분의 소스도 잊지 말고 함께 낸다!

---

02 다진 고기, 채소, 달걀 등을 반죽해 식빵 틀에 넣고 오븐에 구워먹는 요리.

◆ 완두콩 샐러드

내가 레스토랑에서 먹었던 샐러드는 치즈와 양파를 곁들였지만, 여기서는 내가 가장 선호하는 방식을 소개하겠다.

– 재료

- 냉동 또는 그냥 완두콩 900g(녹여서 물기를 완전히 제거한다. 나는 종이타월에 싸서 남은 물기를 완전히 짜낸다.) 캔에 든 완두콩은 쓰지 않는다. 샐러드용으로 좋지 않다.
- 베이컨 약 450g, 바삭하게 부서질 때까지 조리한다.(그대로 볼에 부숴놓는다)
- 워터 체스트넛[03], 썰어서 캔에 든 것으로 두 캔, 물을 빼고 종이타월로 여분의 수분을 흡수한다.
- 마요네즈 ¾컵
- 소금과 후추 약간

– 나만의 비법

- 완두콩, 베이컨, 워터 체스트넛을 큰 볼에 넣는다.
- 마요네즈를 넣고 콩에 마요네즈가 골고루 묻도록 섞는다.
- 소금과 후추를 뿌리고 한 번 더 저어준다.

---

03 껍질이 밤과 비슷해 워터 체스트넛(물밤)이라고 불리지만, 견과류가 아니라 덩이줄기 식물이다. 주로 중국이나 동남아시아 요리에 많이 사용된다. 캔에 든 상태로 국내에도 수입되는데, 우리나라에서는 남방개 또는 올방개라고도 하며 묵을 만드는 재료로도 사용한다.

22
남반구의 거대한 땅덩어리

- 뉴질랜드를 처음 발견한 유럽인은?
- 남반구에서 가장 여러 개의 위도선에 걸쳐 있는 나라는?
- 스리랑카는 남반구에 있을까 북반구에 있을까?
- 적도가 지나가는 남아메리카 3개국은?
- 로벤 섬은 어느 나라에 있을까?
- recipe. 남반구를 탐험하던 탐험가들의 최고의 보양식

탐험가들이 활약하던 시대, 다수의 이름난 사상가들은 분명 남반구에도 거대한 땅덩어리가 있을 것이라고 확신했다. 지구의 균형을 생각한다면 북반구에만 그렇게 많은 땅이 몰려 있는 것은 분명 이치에 맞지 않았다. 그래서 그들은 가상의 대륙을 상정하고 '테라 오스트랄리스'라고 이름 지었다. 결국 호주와 남극을 발견해서 그들도 흡족했을 것이다. 하지만 두 대륙만으로는 부족했다. 특히 남위 40에서 60도 사이가 너무 허전했다. 그곳은 파도나 바람의 흐름에 제동을 걸 만한 땅이 거의 없어서 항해하기에 매우 위험한 구역이었다.

남반구 지역의 태평양을 항해한 최초의 유럽인은 네덜란드의 아벨 타스만이었다. 당시 네덜란드인들도 향신료를 찾아다녔는데 아마 네덜란드령 동인도에 속한 향신료 제도의 존재만으로는 부족했던 모양이다. 타스

만은 호주 남쪽의 망망대해를 항해했고 훗날 자신의 이름을 물려받게 될 섬을 발견했는데 바로 지금의 태즈메이니아다.(타스만 자신은 이 섬을 반 디먼의 땅이라고 불렀다.) 그는 이어서 뉴질랜드를 발견했다. 경도를 정확히 파악할 수 없었음에도 불구하고 그는 그곳이 아르헨티나라고 생각했다!(착오인 것은 맞지만 카리브해의 섬들을 아시아로 착각한 콜럼버스에 비할 바는 아니다.)

호주에 유럽인들이 정착할 수 있도록 항로를 연 사람들은 인데버 호를 지휘한 제임스 쿡 선장과 항해에 동행한 식물학자 조지프 뱅크스였다. 두 사람은 호주 대륙의 동쪽 해안에 착륙했는데, 그 짧은 방문만으로 영국은 그곳이 감옥에 넘쳐나는 죄수들을 수용할 최적의 조건을 갖추었다고 판단했다. 영국은 이미 북아메리카 식민지에도 죄수들을 보냈었지만 미국이 독립해버리는 바람에 대안이 필요해졌다. 초기 답사에서 발견한 호주의 동식물들은 외부에서는 본 적이 없는 고유종들이었고 일부는 정말 그런 게 있는지 보지 않고는 믿을 수 없는 것들이었다. 한 예로, 그때까지 영국인들은 '검은 백조처럼 희귀하다'라는 표현을 자주 썼는데 이것은 백조는 당연히 모두 흰색이라는 전제에서 나온 말이었다. 하지만 호주에 가보니 정말로 검은 백조가 있었다. 심지어 호주에서 영국으로 보내온 오리너구리 표본을 보고 사람들은 누군가 고의로 만든 가짜라고 생각하기도 했다! (캥거루, 반디쿠트, 왈라비, 주머니쥐처럼 호주에서 발견된 동물들 중에는 새끼가 어미의 몸 밖에 있는 주머니에서 젖을 먹으며 태아 단계의 발육을 마치는 종이 많은데 이런 동물들을 유대류라고 한다)

평가 방법에 따라 다르겠지만, 캘리포니아의 경제 규모는 독립적인 국가들과 비교해서도 상위권(약 12위)에 속한다. 적도를 기준으로 캘리포니아와 대칭을 이루는 나라는 칠레다. 두 나라는 지리적으로 공통점이 많지만, 거의 모든 면에서 캘리포니아는 칠레에 못 미친다. 칠레의 아타카마 사막은 캘리포니아의 데스밸리보다 더 건조하고, 칠레의 안데스 산맥은 캘리포니아의 시에라 산맥보다 높고, 칠레의 해안선은 캘리포니아의 해안선 보다 길다. 사실 칠레는 남반구에서 남북으로 가장 긴 나라다. 한편 국제적인 잣대에 비추어 칠레가 계속 성장발전 중인 풍족한 나라임에는 틀림없지만, 칠레는 캘리포니아와 달리 국내외 시장에 대한 접근성이 떨어진다. 칠레는 농업과 관광업에서 잠재력이 크긴 하지만 경쟁국들과 비교했을 때 주요 시장에서 멀리 떨어져 있다.

북반구에서 남반구로 가려면 당연히 적도를 넘어가야 한다. 일단 적도를 넘어서면 모든 것은 완전히 뒤바뀐다. 여름은 마법처럼 겨울이 되고, 가을은 봄이 된다. 해시계의 움직임도 달라지고, 같은 영어를 사용하더라도 (적어도 호주에서는) 어휘가 달라진다. 호주에서는 대학교를 유니버시티가 아니라 '유니(uni)'라고 한다. 또, 휴대용 아이스박스를 '에스키(esky)'라고 부른다. 호주 영어로 '바비(barbie)'는 바베큐라는 뜻이다. 대체로 남반구에서는 줄임말을 많이 쓰는 것 같다. 종교적인 상징들도 북반구와는 정반대다. 북반구에서 부활절은 자연이 생명을 되찾는 봄을 상징하지만 남반구의 부활절은 가을이다. 또 북반구에서 크리스마스에 축제를 즐기는 것은 절기상 해가 다시 길어지는 동지 무렵에 축제를 즐기던 로마 시대의 풍습과 무관하지 않지만 남반구에서는 크리스마스 시즌부터 해가 짧아지기 시작한다. 들으면 들을수록 현실로 와닿지 않는 이런 이야기들보다 더욱 우리를 당황하게 만드는 것은 대부분의 사람들이 도대체 적도가 정확히 어디인지조차 제대로 모르고 있다는 사실이다.

하와이에서 수많은 관광객들을 안내해본 경험자로서 장담하건대, 많은 사람들은 하와이가 북태평양이 아니라 남태평양에 있는 줄 안다. 심지어 어떤 사람들은 사실을 알고 실망하기도 한다. 온갖 매체(특히 영화)에 의해 우리는 인도를 코끼리, 호랑이, 코브라가 활보하는 적도상의 나라로 인식하고 있다. 인도 남쪽 바다에 마치 보석처럼 떠 있는 스리랑카(과거의 실론)도 마찬가지다. 많은 미국 대학생들에게 인도 인근의 지도를 주고 적도를 그려보게 하면 대부분 인도 한가운데를 가로지르거나, 그보다 약간 북쪽을 지나도록 그린다. 하지만 인도도 스리랑카도 모두 북반구에 있고, 적도는 두 나라보다 남쪽, 인도양을 지나간다.

반면 남아메리카 지도에서 적도 찾기는 아주 쉽다. 아예 적도가 이름인 나라가 있기 때문이다! 에콰도르(Ecuador)라는 이름은 스페인어로 적도를 의미한다. 그렇다면 에콰도르 말고 또 어떤 나라가 적도상에 있을까? 사실 남아메리카의 지리를 주제로 한 퀴즈가 나오면 대부분 브라질이 답이다. 브라질이 그만큼 넓은 영역을 차지하기 때문이다. 이 경우에도 브라질이 답이다. 브라질 역시 적도상에 있다. 그런데 답이 하나 더 있다. 미리 숙제로 알아오라고 시키지 않으면 학생 백 명 중 한 사람이 겨우 맞힐까 말까 한 이 문제의 답은 콜롬비아다.

TIP

언젠가 콜럼버스의 콜롬비아 탐험에 대해 강의를 해달라는 요청을 받은 적이 있다. 수락했더라면 한마디로 끝나는, 세상에서 가장 짧은 강의가 될 뻔했다. 콜롬비아라는 이름이 콜럼버스에서 유래한 것은 사실이지만, 정작 콜럼버스는 콜롬비아에 간 적이 없기 때문이다.

로벤 섬은 남아프리카공화국 케이프타운 인근의 작은 섬이다. 퀴즈의 달인이라 자처하는 사람들에게조차 생소할 뻔했던 로벤 섬의 존재가 사

TIP

남아프리카공화국에서는 감옥에서 나온 정치인들이 선거에 당선되는 반면, 미국에서는 선거가 끝나고 감옥에 가는 정치인이 생긴다. 이것도 남북반구의 차이일까?

람들에게 알려진 이유는 노벨평화상 수상자이며 남아프리카공화국의 대통령을 지낸 넬슨 만델라가 18년간 수감되었던 곳이기 때문이다. 그를 포함해 세 명의 전직 남아공 대통령들이 당선되기 전에 로벤 섬에서 수감생활을 했다.[01]

01 넬슨 만델라 이외의 두 명은 현직 대통령 제이컵 주마(Jacob Zuma)와 주마 대통령의 전임인 칼레마 모틀란테(Kgalema Motlanthe) 전직 대통령이다.

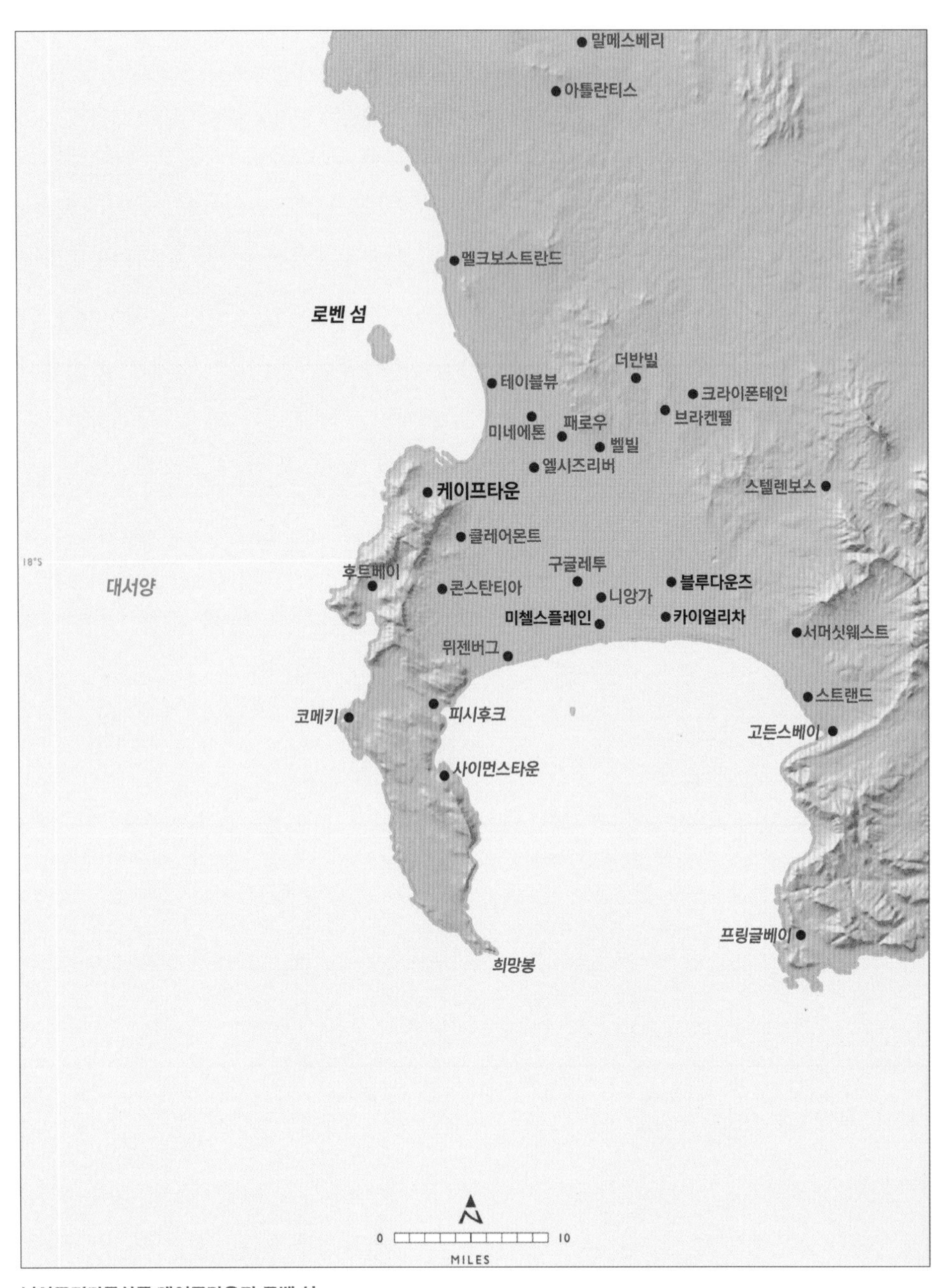

남아프리카공화국 케이프타운과 로벤 섬.

남반구를 탐험하던 탐험가들의 최고의 보양식

"자기 손가락을 핥지 못하는 요리사는 형편없는 요리사다.(훌륭한 요리사는 자신이 만든 음식을 즐길 줄 안다.)" _윌리엄 셰익스피어

◆ 새우 바비큐

안 먹고는 못 배긴다! 큰 모임에서 대접할 음식을 미리 준비해야 하거나, 피크닉, 행사 등에 좋은 메뉴다. 페스토를 대충 뿌린 파스타, 라이스필라프, 바삭한 바게트와 잘 어울린다.

– 메인 요리인 경우 8인분, 에피타이저의 경우 10~12인분

– 재료

• 중대형 새우 1.5kg. 꼬리는 그대로 두고 껍질과 내장을 제거한다.
• EVOO ¼컵
• 드라이 화이트 와인 ½컵, 질 좋은 샤도네로 준비한다.
• 신선한 레몬즙 ¼컵
• 소금 2작은술
• 핫소스 8~10번 뿌릴 양
• 마늘 네 쪽, 다진다.
• 금방 잘라낸 레몬 조각과 함께 낸다.

– 나만의 비법

• 모든 재료를 큰 볼에 담는다. 소스가 골고루 묻도록 섞는다. 한 시간에서 최대 두 시간까지 양념이 배도록 담가놓는다. 두 시간을 넘으면 새우 초절임이 되어버리므로 주의할 것.
• 새우를 꼬치에 끼워서 그릴에 굽거나, 베이킹 팬에 얹어 한 면당 2분씩 뒤집어가며 굽는다. 순식간에 익어버리므로 너무 익어서 질겨지지 않도록 조심한다. 맛있게 먹는다!

23
인류 최후의 정착지, 남태평양

- 인간이 가장 나중에 정착한 대륙은?
- 영국군함 바운티 호에서 반란이 일어났을 때 배에는 어떤 식물이 실려 있었는가?
- 세계에서 단위 면적당 가장 다양한 언어를 사용하는, 이른바 언어밀도가 가장 높은 나라는?
- 스칸디나비아와 더불어 금발머리 유전자를 지닌 원주민들이 살고 있는 섬은?
- recipe. 남태평양 열대 과일의 상큼함이 살아 있는 살사 소스

제임스 쿡은 말했다. "이전의 그 어떤 탐험가보다도 더 멀리(도전하고 싶다)!"라고.

마지막 빙하기가 끝났을 무렵(대략 1만 1,000년 전), 생존 조건이 갖추어진 모든 대륙에는 이미 인간이 살고 있었다. 인간이 가장 나중에 정착한 대륙은 남아메리카다. 대륙을 덮고 있던 얼음이 사라질 무렵 그곳에 첫 인간이 나타났다. 많은 사람들은 다른 대륙으로부터 고립된 호주에 인간의 발길이 가장 늦게 닿았으리라 짐작하지만 인간이 호주 대륙에 들어가 살기 시작한 것은 무려 약 5만 년 전이다. 빙하기 이후 인간이 정착하지 않은 곳은 지구의 약 3분의 1을 차지하는 태평양의 섬들뿐이었다.

태평양의 섬들 대부분은 인간에게 식량을 제공할 동식물이 부족했다.

TIP

단, 아이슬란드만은 예외다. 아이슬란드에 인류가 정착한 것은 AD 870년 전후다.

따라서 이곳에 정착하려면 이미 농업 기술을 갖춘 상태여야 했고, 기르던 작물과 가축을 싣고 와야 했다. 당연히 정착하려는 시도들은 많았지만 대부분 실패하고 말았다. 하지만 일단 작물을 심고, 가축을 방목하는 데 성공하기만 하면 이후의 생존 가능성은 훨씬 높아졌다.

TIP

'금기'를 의미하는 폴리네시아어 '타부(taboo)'는 작물과 가축을 싣고 이주하는 과정에서 생겨났을 것이다. 아무리 배가 고파도 새로운 땅에 도착할 때까지는 배에 실은 작물과 가축을 먹을 수 없었다. 제사장들은 화물에 손대는 것을 금기로 정했고, 금기를 깨트리는 것은 곧 죽음을 의미했다.

빵나무가 좋은 예다. 빵나무 열매는 태평양 섬 주민들의 주요 식량이었는데, 폴리네시아인의 조상들이 원산지 뉴기니에서 동쪽으로 옮겨왔다고 알려져 있다. 이후 빵나무는 엄청나게 번성했고 다 자란 나무에서는 한번에 자몽 크기의 열매가 수백 개씩 열렸다. 하지만 어린 나무가 자라서 열매를 맺기까지는 수년이 걸렸다. 따라서 빵나무는 당장 먹을 식량을 얻기 위해서가 아니라 미래의 희망을 위해 심었던 식물이다.

그렇다면 인간이 정착하기 이전에는 식량이 될 만한 식물이 없었을까? 아마도 일부 섬에는 식물이 자라고 있었을 것이다. 빵나무와 관련한 흥미로운 다른 사례가 있다. 영국인들과 몇몇 프랑스인들이 태평양의 섬들을 탐험하던 중 빵나무를 발견했는데 그들은 이 식물을 카리브 지역(서인도 제도)으로 옮겨 심어 사탕수수 농장 노예들의 식량으로 써야겠다고 생각했다. 하지만 대부분의 카리브 제도 노예들은 빵나무 열매를 먹지 않았다. 어떤 동식물을 식량으로 삼을지 말지는 문화에 깊이 뿌리내린 규범과 연관되어 있다. 인간은 스스로 '식량'으로 간주하지 않는 동물이나 식물을 먹느니 차라리 굶어 죽는 쪽을 택해왔다는 것을 입증하는 증거가 수없이 많다. 폴리네시아인들이 섬에 정착하면서 자신들이 먹을 식량을 가지고 온 것도 그런 이유인지 모른다. (8장에서 잠깐 언급했던) 카리브해로 항해하던 블라이 선장의 바운티 호에는 빵나무 묘목이 실려 있었고, 바운티 호는 끝내 임무를 완수하지 못했다.

TIP

푸에르토리코만은 예외였다. 푸에르토리코에서는 빵나무 열매를 식량으로 받아들였고 지금도 식재료로 사용하고 있다.

'많은 섬들'을 의미하는 '폴리네시아'라는 말은 1750년대부터 사용했는데, 처음에는 태평양의 모든 섬들을 가리키는 말이었다. 이후 '멜라네시아(검은 섬들)'와 마이크로네시아(작은 섬들)처럼 섬들을 좀 더 세분화해 부르기 시작했다. 이런 이름들은 유럽인들이 순전히 자신들의 시각에서 태평양 지역을 분류한 결과이다. 지리적 위치와 문화적 요소들을 고려한다면 타당성이 전혀 없는 것도 아니지만, 사실 태평양 섬지역의 원주민들은 모두 대만에서 건너온 사람들이고, 매우 비슷한 환경을 극복한 경험이 있다. 크게 보면 그들 사이에는 다른 점보다 같은 점이 더 많다.

그 가운데에서도 멜라네시아는 가장 먼저 인간이 정착해 살기 시작한 곳이므로 당연히 지역에서 가장 오래된 언어를 사용한다. 그런데 특이한 점은 언어의 가짓수가 아주 많다는 것이다. 예를 들어 멜라네시아에 속하는 뉴칼레도니아는 약 1만 8,000제곱킬로미터(경상북도와 비슷한 면적)

의 섬 안에 서른다섯 개 언어가 존재한다. 바누아투는 약 1만 2,000제곱킬로미터가 조금 넘는 (전라남도와 비슷한 면적) 섬 안에 무려 119개의 토착 언어가 사용되는, 지구상에서 언어 밀도가 가장 높은 곳이다.

문화, 즉 한 세대가 학습한 행위는 다음 세대로 전달되면서 그것을 공유하는 이들 사이의 결속을 강화하고, 그렇지 않은 이들을 무리로부터 배제한다. 언어가 한편으로는 사람들을 뭉치게 하지만 동시에 가장 분열적인 문화요소인 이유가 여기에 있다. 우리는 같은 언어를 사용하는 사람들에게 강한 유대를 느낀다. 특히 지역의 방언, 억양, 비언어적 신호 등은 그러한 유대감을 더욱 강화한다. 바누아투와 주변 멜라네시아 섬들이 그렇게 다양한 조합의 언어를 갖게 된 이유는 한 언어를 사용하는 주민들의 정착지가 다른 언어를 사용하는 주민들의 정착지와 단절되어 있고, 그러한 단절이 아주 오래 지속되었기 때문이라고 밖에 설명할 수가 없다. 비교적 좁은 지역 내에서 언어가 다양하게 분화되는 현상은 곧 잦은 분쟁으로 이어졌다.

TIP

어느 영국 인류학자가 이런 말을 했다. "멜라네시아인들에게 전쟁이란, 영국인들에게 축구 같은 것이다."

과거에는 서로 다른 언어 집단들이 소통할 수 있는 수단이 발달했을 것이다. 현재 멜라네시아에 존재하는 공용 언어, 즉 피진어[01]에는 교역과 식민지의 영향으로 유럽어의 흔적이 남아 있다. 바누아투인들은 '비

01 서로 다른 언어를 사용하는 두 개 이상의 집단 사이에 생겨나는 단순화된 소통 수단. 최소한의 어휘, 간략한 문법, 신체 언어 등이 혼합된 형태로 나타난다. 가령 멜라네시아에는 19세기말 서로 다른 섬 출신의 멜라네시아 노예들, 노예와 플렌테이션 농장주 사이의 소통을 위해 영어 단어와 토착 문법이 결합한 피진어들이 생겨났다.

슬라마'라는 피진어로 소통하는데, 이는 세계에서 가장 독특한 언어 중 하나다. 비슬라마는 바누아투와 중국 간의 해삼 거래로 인해 발달했고, 비슬라마라는 명칭의 어원도 해삼을 뜻하는 프랑스어 베시드메르(beche-de-mer)에서 변형된 "베시르메르(bech le mer)"라고 알려져 있다.

멜라네시아는 유럽인들에게 고민거리를 안겨주었다. 대부분의 멜라네시아 섬들은 태평양 현무암 지대 바깥에 위치하기 때문에 각종 미네랄, 특히 금, 니켈, 구리 등이 풍부하다. 하지만 멜라네시아의 원주민들은 사나운 식인종으로 정평이 나 있었다. 오늘날 식인 문화에 대해서는 이견이 분분하다. 많은 인류학자들은 원주민들의 식인 풍습은 백인들이 지어낸 이야기에 불과하다고 주장한다. 하지만 실제로 식인의 풍습이 있었고 심지어 널리 퍼져 있었음을 뒷받침하는 강력한 증거들이 있다.

멜라네시아에는 또 한 가지 특이한 점이 있다. 금발머리를 갖게 하는 유전자의 근원지는 지구상에서 단 두 곳인데 바로 노르웨이와 멜라네시아다.

폴리네시아는 태평양 해상의 수백만 평방 마일을 차지하지만 육지 면적은 그리 넓지 않다. 육지의 90퍼센트 이상이 뉴질랜드에 속해 있다. 폴리네시아는 북쪽으로 하와이, 남서쪽으로 뉴질랜드, 남동쪽으로 라파누이(이스터 섬)를 연결하는 삼각형 모양을 하고 있어 폴리네시아 삼각지라고 불린다. 폴리네시아인들이 이 삼각지의 꼭짓점까지 이동해 정착한 과정은 불가사의에 가깝다. 아무 것도 보이지 않는 막막한 바다를 수천 킬로미터나 항해해야 했기 때문이다.

폴리네시아는 인류 최후의 개척지로, 인간이 가장 나중에 정착한 땅이다. 그중에서도 가장 늦게 인간을 받아들인 곳이 뉴질랜드다. 폴리네

유전자로 인해 금발을 갖게 된 멜라네시아인들.

시아인들이 뉴질랜드에 처음 발을 들여놓은 것은 1250년 전후다. 넓은 면적에도 불구하고 뉴질랜드에 정착한 토착민, 마오리들에게는 안정적인 식량공급원이 부족했고 그 결과 인구가 크게 늘어나지 않았다. 폴리네시아인들의 전통 식량인 코코넛, 토란, 빵나무 열매, 바나나 등이 뉴질랜드 기후에서는 자라지 않았다.

뉴질랜드 고유종인 거대 조류 모아는 남획으로 멸종했다. 모아가 사라질 무렵, 유럽인들이 들여온 감자는 더욱 든든한 식량 공급원이었다.

하와이는 뉴질랜드보다 면적이 훨씬 작지만 유럽인들이 나타나기 전까지 뉴질랜드보다 더 많은 인구가 살고 있었다. 공식적인 기록이 전하

TIP

마오리인들은 고구마(쿠마라)를 기를 수 있었는데 고구마는 남섬(South Island)에서도 재배가 가능했다. 중앙아메리카가 원산지인 고구마가 어떻게 뉴질랜드까지 오게 되었는지에 대해서는 여러 가지 추측만 무성하다.

는 당시 하와이 토착 인구는 35만 명 정도였지만, 일부 학자들은 이보다 두 배가 넘는 인구가 하와이에 살고 있었을 것으로 추정한다. 쿡 선장을 비롯한 초기 유럽 탐험가들은 섬들마다 바람이 불어가는 방향, 즉 항해하기 안전한 곳만 탐험했다. 지금 우리가 알다시피 대부분의 인구가 모여 살던 지역은 그 반대쪽이다. 하와이에 왜 그렇게 많은 사람들이 있었을까? 하와이는 담수가 풍부하고, 평지가 많아 경작하기 알맞고, 해안선을 따라 양식장을 설치하기 좋았기 때문이다.

폴리네시아인들은 넓은 지역에 흩어져 살긴 했지만 그들의 언어는 서로 유사점이 많다는 것을 다음의 표로 확인할 수 있다. 언어 간의 차이를 발생시키는 요소는 크게 세 가지로 정리할 수 있다.

1) 폴리네시아 언어에는 문자가 없다. 알파벳을 이용해 글을 쓰기 시작한 것은 유럽인과 미국인들이 들어오면서부터인데, 이들은 주로 선교사들이었고 토착어를 소리 나는 대로 받아 적었다. 그러다 보니 같은 소리가 어떤 사람에게는 'r'로 들리고 또 다른 사람에게는 'l'로 들리거나, 'v'와 'w'의 소리가 분명하게 구별되지 않는 경우가 발생했다.

2) 더 이상 사용하지 않는 단어가 생기는가 하면, 외부 세계와의 접촉 정도에 따라 새로운 어휘가 발달하기도 했다.

3) 넓은 태평양 위 여러 섬에 흩어져 살게 되면서 폴리네시아인들 간의 교류가 사라지고, 그 결과 언어들도 서로 '멀어지게' 되었다.

쿡 선장은 지리학자이면서 배의 선장이었다. 그는 태평양을 항해한 사람들 가운데 가장 주목할 만한 탐험가다. 그는 불가능해 보이는 항해

| 폴리네시아 언어 별 1에서 10까지 세는 법 |

	마오리	하와이	통가	사모아	피지	타히티
1	타히 (tahi)	카히 (kahi)	타하 (taha)	타시 (tasi)	두아 (dua)	호에 (ho'e)
2	루아 (rua)	루아 (lua)	우아 (ua)	루아 (lua)	루아 (rua)	피티 (piti)
3	토루 (toru)	콜루 (kolu)	톨루 (tolu)	톨루 (tolu)	톨루 (tolu)	토루 (toru)
4	화 (wha)	하 (ha)	파 (fa)	파 (fa)	바 (va)	마하 (maha)
5	리마 (rima)	리마 (lima)	니마 (nima)	리마 (lima)	리마 (lima)	패 (pae)
6	오노 (ono)	오노 (ono)	오노 (ono)	오노 (ono)	오노 (ono)	오노 (ono)
7	휘투 (whitu)	히쿠 (hiku)	피투 (fitu)	피투 (fitu)	비투 (vitu)	히투 (hitu)
8	와루 (waru)	왈루 (walu)	발루 (valu)	발루 (valu)	발루 (valu)	바우 (v'au)
9	이와 (iwa)	이와 (iwa)	히바 (hiva)	이바 (iva)	디와 (ciwa)	이바 (iva)
10	테카우 (tekau)	우미 (–'umi)	풀루 (–fulu)	세풀루 (sefulu)	티니 (tini)	아후루 ('ahuru)

표 작성: 바버리 풀러

를 세 번이나 해냈다(다음 지도 참조). 첫 항해에서 타히티에 착륙한 그는 1769년 타히티 해변에 금성의 '태양면 통과'를 관찰하기 위한 관측 시설을 설치했다.

TIP

내가 처음 금성의 태양면 통과 현상에 대해 들어본 것은 고등학교 2학년 때였다. 같은 학교 학생 중에 물리학과 천문학에 관심이 많던 친구가 시차(parallex) 현상에 대해 토론하던 중 연관된 현상인 금성의 태양면 통과(the transit of Venus)를 언급했는데 듣고 있던 선생님은(금성을 뜻하는 비너스라는 단어 때문이었는지) 그 친구가 야한 이야기를 한다고 오해하고 꾸중을 하셨다.

금성의 태양면 통과에 대해 아는 사람은 많지 않다. 이것은 금성이 지구와 태양 사이를 지나가는 시기에 나타나는 현상[02]을 의미한다. 18세기에 이미 행성의 궤도 운동에 대해서는 밝혀졌지만 아직 '태양상수', 즉 지구와 태양 사이의 거리에 대해서는 알려진 바가 없었다. 그것만 밝혀지면 각 행성이 태양으로부터 얼마나 떨어져 있는지, 나아가 태양계의 크기가 얼마나 되는지도 알아낼 수 있었다. 금성의 태양면 통과를 관측하고 지구상의 여러 지점에서 통과 시점을 측정할 수만 있다면 지구와 태양 사이의 거리도 밝혀낼 수 있었다. 하지만 쿡은 관측에 실패했다. (다른 관측자들도 그랬겠지만) 금성이 태양면에 언제 진입했다가 언제 벗어나는지 정확한 순간을 포착할 수가 없었기 때문이다. 천문관측의 역사를 돌이켜보면 누군가 정확하게 계산을 해냈다고 해도 널리 인정을 받기는 힘들었을 것이다. 당시 과학자들은 태양이 지구로부터 1억 5,000만 킬로미터나 떨어져 있으리라고는 상상조차 못했을 테니 말이다!

02 태양 위의 검은 점 같은 금성을 지구에서 관측할 수 있다.

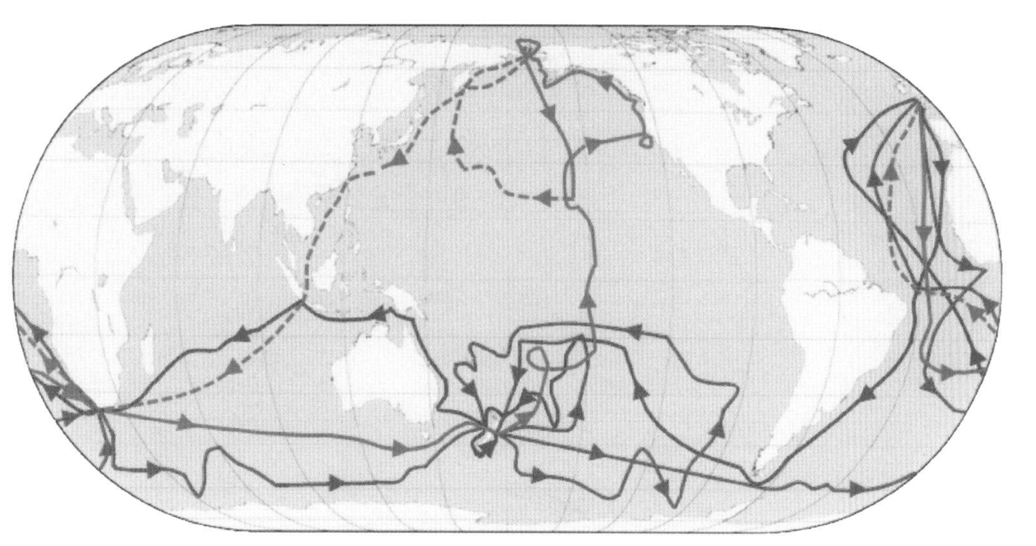

지리학자이자 선장이었던 쿡의 항해 경로.

쿡은 나아가 뉴질랜드 주변을 돌며 뉴질랜드의 지도를 작성했다.(자연스럽게 뉴질랜드가 섬이라는 사실도 입증했다.) 그는 호주 동부 해안에 상륙한 최초의 유럽인이었다. 쿡이 마침내 닻을 내린 곳은 보터니(식물학) 만이었다. 그와 동행한 식물학자 조지프 뱅크스가 호주의 독특한 식물들을 발견하고 분류했기 때문에 그런 이름이 붙었다. 쿡의 항해로 인해 신뢰와 명성을 얻은 것은 오히려 뱅크스 쪽이었다. 뱅크스는 영국인들 사이에 호주 전문가로 알려지게 되었고, 호주에 죄수들을 보낸 것도 사실상 뱅크스의 제안 때문이었다.

쿡은 세 번째 항해에서 폴리네시아 삼각지의 마지막 지점, 하와이를 발견했다. 그는 하와이 카우아이 섬에 착륙했다가 알래스카로 갔고, 다시 하와이로 돌아와 이번에는 하와이 섬의 케알라케콰 만에 도착했다. 그는 해변에서 토착민들과 다툼 끝에 살해당했다.

하와이에 유럽인들과 미국인들이 들어오고 처음 한동안 백인들은 하와이인들이 소시에테 제도로부터 이주해왔다는 이야기를 들었지만 믿기 어려웠다. 카누를 타고 그렇게 먼 거리를 이동하는 것이 가능할 리 없어 보였고, 망망대해에서 지도나 별다른 장비도 없이 위치를 찾는 것 역시 불가능해 보였기 때문이다. 폴리네시아인들의 항해와 정착 과정은 지금도 기적 말고는 달리 설명할 방법이 없다. 하지만 정말 이해할 수 없는 점은 따로 있다. 왜 그들은 항해를 계속하지 않고 멈췄을까? 쿡이 처음 도착했을 때, 하와이에는 장거리 항해에 적합한 카누도, 그리고 카누를 저을 사람도 보이지 않았다.

남태평양 열대 과일의 상큼함이 살아 있는 살사 소스

"국경? 그런 것은 본 적도 없다. 하지만 마음속에 경계선을 그어놓는 사람들이 있다는 이야기는 들은 적이 있다." _토르 헤위에르달[01]

◆ 파인애플 파파야 살사

열대과일의 상큼함이 살아 있는 살사는 그릴이나 오븐에 구운 생선, 데리야키 스타일의 돼지고기나 닭고기에 곁들여도 훌륭하지만 그냥 짭짤한 토르티야 칩과 먹어도 잘 어울린다.

- 네 컵 분량

- 재료

• 잘게 썬 파인애플 세 컵
• 완숙 파파야 두 개, 껍질과 씨를 제거해 잘게 썬다.
• 붉은 양파 다진 것 한 컵
• 세라노 고추[02] 한 개, 씨를 빼고 다진다.(반드시 장갑을 끼고 손질한다. 특히 씨가 피부에 닿으면 심하게 화끈거리므로 주의한다.)
• 금방 짠 라임 즙, ½컵
• 고수 잎 큰단 한 단, 적당히 썬다.
• 매운 고추기름 1작은술

- 나만의 비법

• 모든 재료를 중간 크기 볼에 담고 재료의 향이 섞이도록 20분 동안 가만히 둔다. 미리 만들어두고 두 시간까지는 두었다 먹을 수 있다. 당일에 바로 먹는 것이 가장 좋다.

---

01 1914~2002년. 노르웨이의 탐험가, 식물학, 동물학, 지리학자. 남아메리카 대륙에서 폴리네시아의 투아모투 제도까지 손으로 만든 뗏목으로 이동했다.

02 멕시코 산악지대가 원산지. 멕시코 요리에 많이 사용되며 매운맛이 아주 강하다.

24
낙농벨트의 탄생

- 왜 우유에 비타민 D를 첨가할까?
- 상업 농가가 어떤 작물이나 가축을 기를지 선택하는 기준 무엇일까?
- 미국에서 가장 많은 양의 우유를 생산하는 젖소 품종은?
- 보든의 상징인 소 품종은?
- 낙농벨트는 어디인가?
- recipe. 전 세계에서 사랑받는 대표적인 유지방 요리

내가 어렸을 때 우유는 불로장생의 묘약이었다. 내가 학교를 다니던 뉴욕 주 북부는 구루병(비타민 D 결핍으로 발병함)이 빈번한 지역으로 알려져 있었다. 이에 비타민 D를 보강한 우유가 나왔고 우리는 좋든 싫든, 돈을 냈든 안 냈든 우유를 먹어야 했다. 지금 생각해보면 다들 우유를 맛있게 먹었다. 자라면서 우유를 안 먹는 사람은 본 적이 없는 것 같다. 하지만 우유 이외의 유제품에 대해서는 말도 많고 탈도 많았다.

우리 부모님은 버터를 안 드셨다. 버터를 싫어해서도, 몸에 나쁘다고 생각해서도 아니었다. 오히려 버터를 좋아하셨는데, 당신들이 어렸을 때 집에서 만들어 먹던 버터 맛을 잊지 못하셨기 때문이었다. 부모님에게 공장에서 만든 버터는 못 먹을 음식이나 마찬가지였다. 당시 많은 다른 가정과 마찬가지로 우리도 비닐 포장이 된 찐득거리는 하얀 덩어리

를 여러 개 사곤 했다. 노란 색소가 담긴 작은 팩을 뜯어 하얀 덩어리와 섞은 다음 흰색이 노란색이 되도록 하염없이 치대는 일은 늘 내차지였다.[01] 한참을 치대다 보면 버터와 비슷해지는 덩어리를 우리 동네에서는 올레오라고 불렀다. 어떤 사람들은 마가린(영어 발음은 마저린), 나중에 알게 된 남부지방 사람들은 뒤쪽에 강세를 두고 마가리-인이라고 불렀다.

치즈는 버터와는 완전히 달랐다. 어렸을 때 내가 알던 사람 중에 치즈를 좋아하는 사람은 없었다. 종류를 불문하고 모든 치즈를 싫어했다. 그나마 예외가 있다면 크림치즈 정도였다. 크림치즈는 미국의 발명품이다. 독일 가정에서 먹던 림버거 치즈도 마찬가지다. 지금은 어린이 식단에 빠짐없이 등장하는 마카로니앤드치즈도 내가 어렸을 때는 어린이들이 싫어하는 대표적인 메뉴였다. 내가 열 살쯤 되었을 때 우리 가족은 뉴욕 주 서쪽 끝에 있는 터그힐플라토라는 한적한 곳으로 장례식에 참석하기 위해 차를 몰고 갔다. 도중에 우리는 완전히 길을 잃고 말았다. 아버지는 어딘가에 차를 세우고 길을 물으러 가셨는데 알고 보니 그곳은 치즈 공장이었다. 공장사람들이 길도 가르쳐주고 엑스트라샤프 체더 치즈와 치즈 커드[02]도 나누어주었다. 나는 치즈 커드는 치즈가 아닌 줄 알고 조금 맛을 보았다. 짭짤하고 쫄깃했으며 굉장히 맛있었다. 어머니는 나중에 체더 치즈 버거를 만들어주셨다. 내 생에 최초의 치즈버거였

---

01 한때 미국에서는 마가린에 색소를 첨가해 버터와 같은 노란색으로 제조하는 것이 불법이었다. 버터 판매에 지장을 초래할 것을 우려한 낙농업자들의 로비 때문이었다. 마가린 제조업체들은 마가린에 식용색소 캡슐을 따로 넣어 팔았다.

02 영국 서머싯 체더 지방에서 처음 만들어진 치즈. 일반 치즈와 마찬가지로 우유에 응고 효소를 첨가해 응고시켜 덩어리 상태의 커드(curd)를 만든 다음 체더링이라는 과정을 거쳐 제조한다. 첨가제, 숙성 기간에 따라 맛이 달라지며 각각, 마일드/미디엄/스트롱, 샤프/엑스트라 샤프 등으로 구분하는데, 정해진 기준이 있는 것은 아니다. '엑스트라 샤프'는 보통 1년에서 2년 정도 숙성시킨 제품이다.

다. 치즈 때문에 입안이 얼얼했지만, 역시 맛있었다. 흔히 가게에서 팔던 미국식 치즈와는 달랐다.

자, 이쯤에서 지리학 이야기를 좀 해보자. 19세기 초, 독일의 경제 지리학자 폰 튀넨은 원론적인 질문을 던졌다. 왜 같은 지역 농부들은 모두 같은 작물을 키우고, 다른 지역끼리는 서로 다른 작물을 키우는 걸까? 예나 지금이나 농부들은 까다롭고, 남에게 의존하는 것을 싫어한다. 그런데 왜 굳이 이웃끼리 의논해서 같은 작물(또는 가축)을 키울까? 이런 질문을 받는다면 우리는 우선 토양의 질, 기후, 용수 공급 등 물리적 또는 환경적 조건들을 떠올릴 것이다. 하지만 폰 튀넨이 살펴본 곳은 독일 남부의 작은 농촌들이어서 기후, 토양, 식성 등의 조건이 모두 동일했다.

폰 튀넨은 몇 가지 가설을 세웠는데, 내가 보기에 그 가운데 가장 타당한 것은 농부들이 단위 면적당 가장 큰 이윤을 보장하는 작물을 생산하려 한다는 것이다. 그는 고립국이라는 가상의, 하지만 완벽한 조건의 국가를 설정했다. 농부들은 자급농(자체적으로 소비하기 위해 농사를 짓는 사람들)이 아니기에 상업적 이윤을 추구한다. 폰 튀넨은 또 경제적인 '지대'라는 개념을 사용했다. 다시 말해, 시장이 있는 도시로부터 가장 가까운 농지는 단위 면적당 산출량이 높아야 한다는(도시와 가까울수록 높은 땅값이 비싸므로) 의미다. 산출량이 많으면 단위 생산물당 출하 비용이 높아질 수도 있지만 대신 거리가 가까우니 운송비는 많이 들지 않는다. 낙농 제품만을 놓고 보면 시장으로부터 가까운 농장이 우유 생산에 가장 적합하다. 시장에서 거리가 멀어질수록 늘어나는 운송비를 감당하기 위해서는 단위 무게당 높은 가치를 창출해야 한다. 쉽게 예를 들어 보면, 나한테 크리스마스 선물로 종이타월 한 통을 보내는 것은 우편 비용을 감안할 때 경제적 타당성이 떨어진다. 여러분이 어디에 있건 다이아몬드를 자루에 잔뜩 담아 보내는 것이 경제적으로 더 타당하다. 버터는 우유보다 단위 무게당 더 높은 가치를 창출하므로 시장에서 떨어진 농가에서는 버터를 생산하려 할 것이고, 이보다 더 먼 곳에 있는 농가에서는 우유를 가공해 치즈를 생산하려 할 것이다.

TIP

늘 말하지만 지리학 이론을 이해하는 데 실제로 해보는 것만큼 좋은 방법은 없다. 혹시 내 말이 맞는지 직접 체험해보고 싶다면 종이타월과 다이아몬드를 보낼 주소를 알려주겠다.

폰 튀넨의 고립국에서는 시장에서 먼 농가일수록 우유 생산은 이윤이 나지 않는다. 농작물도 마찬가지다. 아예 다른 작물을 선택하거나, 자급용 작물만 재배한다.

TIP

젖소의 품종인 저지와 건지는 영국해협 채널 제도의 저지 섬과 건지 섬에서 왔다. 채널 제도에는 또 사크 섬이라는 비교적 큰 섬도 있다. 하지만 사크라는 품종의 젖소는 들어본 적이 없다.

TIP

호주의 어느 가축 딜러는 저지 젖소와 골든 리트리버 견을 비교한 내 글을 읽고 크게 공감했다고 말했다. 반면 그는 저지 수소들이 핏불 견처럼 사납다고 말했다. 그의 말을 듣고 나는 스페인 투우사들과 텍사스 카우보이들이 저지 수소들을 데려다가 대결해보면 어떨까 상상해보았다.

고립국 농가 안에서는 우유, 버터, 치즈를 지역별로 나누어 생산하듯,

소들도 품종별로 나누어서 기를까? 저지와 건지 젖소의 우유는 유지방(버터 지방) 함량이 높다. 전에 다른 책에서 나는 저지 젖소를 좋아하지만 건지 젖소의 운명도 측은하다고 쓴 적이 있다. 건지 젖소가 시장에서 밀려났기 때문이다. 건지 품종인 엘시와 엘머 커플은 낙농업체 보든 사의 마스코트였다.[03] 약간 노란색이 감도는 건지 우유는 한때 크게 사랑받았다. 하지만 미국의 주부들이 유지방을 꺼리기 시작하면서, 얌전한 건지 대신 더 크고 생산량이 많은 홀스타인종을 키우는 농가가 많아졌다. 홀스타인 한 마리가 생산하는 우유의 양은 엄청나다. 게다가 지금의 소비자들은 유지방 함량이 낮은 우유를 선호한다. 홀스타인은 우유 업계의 스타로 떠올랐다. 왠지 저지와 건지는 낙농벨트에서 먼 아래쪽, 시장에서 가장 떨어진, 특화치즈만 생산하는 지역에서 기를 것 같다.

미국의 전통적인 낙농벨트는 뉴잉글랜드에서 시작해 뉴욕 북부, 미시건, 위스콘신을 지나 미네소타 일부까지 포함한다. 하지만 이 전통적인 낙농지대의 경계가 허물어지고 있다. 낙농장들이 택지 개발에 밀려 사라지거나, 낙농업자들이 농장을 포기하는 사례가 계속해서 늘어나고 있기 때문이다. 한편 작은 규모의 낙농벨트들이 남부와 서부 대도시 주변을 중심으로 생겨나고 있다.

그런데 애초에 왜 북아메리카에 낙농벨트가 생겨났고, 북유럽에도 비슷한 낙농지대가 조성된 것일까? 유럽, 아시아, 아프리카의 유목민들은 수천 년간 가축을 방목해 우유를 얻었다. 일부 유럽의 유목민들은 정착한 후에도 동물들을 기르며 계속 우유를 생산했다. 우유 생산을 위한 가축을 따로 기르기 시작할 무렵, 락타아제를 지속적으로 보유하는 인류,

---

03 암소 엘시는 여전히 보든 사의 로고에 등장한다.

미국의 전통적 낙농벨트와 새로 생겨난 낙농벨트의 분포.

즉 어른이 되어서도 유당 분해 효소인 락타아제가 사라지지 않는 사람들이 생겨났다. 유전적으로 우유를 잘 소화시키는 특성을 지닌 사람들은 세계 인류의 약 50퍼센트라고 한다.

recipe 전 세계에서 사랑받는 대표적인 유지방 요리

"프랑스인들을 뭉치게 하는 것은 공포뿐이다. 265가지가 넘는 치즈를 먹는 국민을 달리 무슨 수로 화합시킨단 말인가." _샤를 드골

◆ 바닐라 리코타 치즈

치즈를 처음 만들어보는 초보자라도 한 번 시도해볼 만큼 쉬운 레시피다. 특별한 날 애피타이저나 디저트로 만들어보자. 카놀리(11장 참조) 속 재료로 써도 되고, 토스트에 구운 바게트 빵에 얇게 썬 딸기, 가늘게 채 썬 민트와 함께 얹어 발사믹리덕션[01]을 뿌려 먹어도 좋다.

– 두 컵이 약간 안 되는 분량

– 재료

- 홀밀크 네 컵
- 헤비크림 두 컵
- 바닐라 빈 ½개, 씨만 긁어내고 깍지는 두었다 쓴다.
- 코셔 소금 1작은술
- 애플사이다 식초 3큰술

바닐라 리코타 치즈.

– 나만의 비법

- 채반에 얇은 무명천을 깔고 속이 깊은 볼이나 빈 냄비로 받쳐둔다.
- 바닥이 두꺼운 또 다른 냄비에 우유와 크림을 붓는다. 바닐라와 소금을 저어가며 섞는다. 중불에 올리고 가끔 저어주면서 완전히 한번 끓어오를 때까지 가열한 다음 불을 끈다.
- 식초를 넣고 저어준다. 덩어리가 생길 때까지 잠시 둔다. 부드럽게 천천히 몇 회만 젓는다.
- 섞어놓은 재료를 채반에 붓고 물기가 빠지도록 25분 정도 기다린다. 완성된 리코타는 밀폐용기에 담아 5일까지 냉장보관이 가능하다.

---

01 발사믹 식초에 설탕을 넣고 졸여 만든 시럽.

25
사라진 사람들, 그들의 이름은

- 미국 최대의 원주민 보호구역은 어디이고 이곳에 거주하는 원주민은 누구일까?
- 앞 문제에 등장하는 보호구역에 의해 완전히 둘러싸인 또 다른 보호구역의 주민은?
- 미국 메사버드 국립공원은 어느 주에 있을까?
- 미국 남서부의 아메리카 원주민 언어 중 다른 어떤 언어와도 관련이 없는 언어는?
- recipe. 아메리카 원주민의 3대 작물로 만든 푸딩

온갖 일에 정치적으로 올바른지 여부를 물고 늘어지는 사람들도 의외로 동물 이름에 대해서는 희한하게 무신경하다. 예를 들어 사람을 죽였다는 증거도 없이 킬러라는 이름을 얻은 '범고래(Killer Whale)'는 얼마나 억울할 것이며, 자신들의 의지와 상관없이 가짜 킬러(흑범고래, False Killer Whale)나 작은 쿠두(Lesser Kudu)라는 이름으로 평생을 살아야 하는 동물들의 심정은 어떻겠는가. 자존감의 문제와도 직결된다. 그런데 사람의 경우에는 얘기가 달라진다. 지리학자들은 지도를 볼 때마다 가슴이 철렁 내려앉는다. 특정 지역에 살았던 사람들이 하나둘씩 사라지기 때문이다. 멀리 북쪽의 에스키모와 라프 인들은 이제 각각 이누이트와 사미 인으로 이름이 바뀌었지만 '에스키모어', '라프란드' 같은 용어는 그대로 쓰이고 있다. 파키스탄 사람들을 '파키스타니'라고 부르면 대단히 모욕인 호칭이라고 생각하지만 그들의 나라 이름은 여전히 '파키스탄'이다.

미국에서는 '인디언'이냐 '아메리카 원주민'이냐가 여전히 민감한 문제로 남아 있고, 워싱턴 D.C.의 미식축구 팀(홈구장은 메릴랜드) 워싱턴 레드스킨스의 이름을 두고도 말들이 많다. 아메리카 원주민들을 비하한다며 '레드스킨스'라는 이름을 문제 삼는 이들의 목소리는 팀의 실력이 부진한 시즌이면 더욱 거세진다. 하지만 나바호 원주민 보호구역의 한 고등학교에도 '레드스킨스'라는 스포츠 팀이 있다.

TIP

이 책을 쓰고 있는 동안, 캘리포니아 주는 '레드스킨스'라는 이름을 공립학교 스포츠 팀의 이름으로 쓰지 못하도록 법으로 금지했다. 이제 새 이름을 찾아야 하는 학교는 모두 네 곳이다.

나바호인들과 그들의 보호구역은 지리학적으로 매우 중요한 의미를 지니는데도 정당한 관심을 거의 받지 못하고 있다. 나바호인은 미국 최대의 원주민 집단이다. 나바호 보호구역은 애리조나 주 북서부와 인접한 뉴멕시코 주, 유타 주에 걸쳐 있으며 역시 미국 내 원주민 보호구역 가운데 가장 넓은 면적을 차지한다. 하지만 정말로 놀라운 일은 나바호인들이 미국 정부를 상대로 엄청난 승리를 거두었다는 사실이다. 여기서 말하는 승리는 전쟁에서 이겼다는 것이 아니다. 다른 부족들처럼 살던 땅에서 강제로 쫓겨나 집과 가축을 잃어버린 나바호인들은 1868년 체결된 협정으로 빼앗겼던 땅 대부분을 되찾은 것이다.

수년간 나는 애너사지인이 나바호와 미국 남서부 부족민들의 조상이라고 학생들에게 가르쳐왔다. '애너사지'라는 말은 사실 나바호어로 '고대 사람들'이라는 뜻이다. 애너사지인들은 주로 미국 남서부 지역을 따라 절벽에 주거지를 만들었지만 1300년경 절벽 마을을 떠나 이동했다. 최근 애너사지 지역을 여행하다가 알아낸 바로는 그것이 애너사지의 두 번째 이동이었다는 것인데, 애너사지라는 말이 정치적으로 올바르지 않다는 판단 하에 이제는 고대 푸에블로인(ancestral puebloan)이라고 부르게 되었다. 입에 잘 붙지도 않을 뿐더러 표현 자체도 올바르지 않아 부를 때마다 마음이 편치 않다. 현대의 푸에블로인들이 애너사지인들의 후손인 것은 맞지만, 유일한 후손은 아니다.

호피인들도 애너사지와 연관이 있다. 호피인들의 보호구역 역시 애리조나 북동부에 있는데 나바호 보호구역에 완전히 둘러싸여 있다. 이탈

미국 애리조나의 나바호 보호구역, 캐니언 드 셰이.

리아 안에 있는 산마리노나 남아프리카 공화국 가운데 있는 레소토처럼 지리학적으로 매우 특이한 경우다. 물과 목초지가 생존에 매우 중요한 요소였던 미국 남서부에서 둘러싸고 둘러싸인 두 부족의 지리적 위치는 필연적으로 분란의 원인일 수밖에 없고, 보호구역이 만들어진 이후 줄곧 갈등이 끊이지 않고 있다.

애너사지인들의 절벽 거주지들 중 일부는 탁월한 경관을 자랑하는 메사버드 국립공원 안에 위치해 있다. 하지만 대다수는 공원 바깥에 나와 있고 심지어 멀리 남쪽 심지어 애리조나 주 플래그스태프 인근까지 퍼져 있다. 메사버드 국립공원은 콜로라도 주에 있다.

나바호인들의 전쟁 중 업적이 최근 몇 년 사이에 많이 알려지면서 칭

미국 애리조나 주 카옌타 나바호 보호구역의 코드토커 박물관.

송받고 있다. 2차 대전 중 나바호인들은 미국 해병대 무선병으로 동원되었는데 특히 이와지마 전투 때 코드토커(암호 통신병)으로 크게 활약했다. 모든 나바호인들이 같은 언어를 사용하는 것은 아니기 때문에 나바호 암호 통신병들은 전장의 상황에 맞게, 모든 무선병들이 해독할 수 있는 암호를 개발해야 했다. 비밀 작전이었기 때문에 나바호인들의 활약은 오랫동안 일반인들에게 공개되지 않았다. 게다가 나바호 암호 통신병들은 일반 참전 군인들이 받은 혜택도 누리지 못했다.

나바호 코드토커 박물관은 애리조나 주 카옌타의 나바호 보호구역에서도 버거킹 매장 내에 있다.

언어의 기원과 확산을 주로 연구하는 지리학자들은 스페인과 프랑스

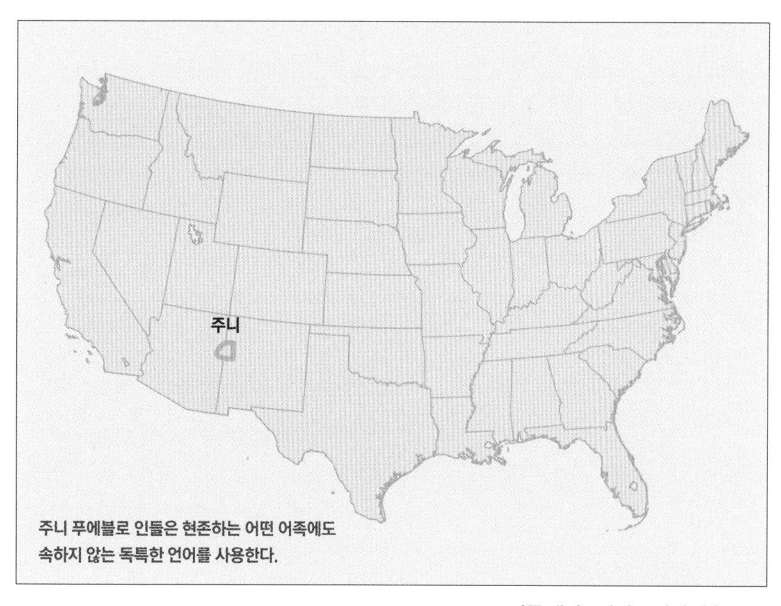

미국 애리조나의 주니어 사용 지역.

의 바스크 지방 언어를 매우 이례적인 언어로 지목한다. 바스크어는 유럽은 물론 세계 어떤 언어와도 연관성이 없기 때문이다. 비슷한 언어가 미국 남서부에도 존재한다. 주니어는 인근 어떤 부족의 언어와도 연관성이 없으며, 언어학자들에 따르면 세계 그 어디에서도 주니어와 언어적으로 관련된 언어는 발견되지 않았다.

아메리카 원주민의 3대 작물로 만든 푸딩

"모든 식물은 우리의 형제요 자매다. 그들은 우리에게 말을 건다. 귀를 기울이면 들을 수 있다." _어래퍼호 부족

◆ 고소한 푸딩

옥수수, 호박, 콩은 아메리카 원주민들의 3대 식량 작물이다. 이 세 작물은 서로 도와가며 성장하고, 서로 영양분을 나누어주다가, 함께 다시 흙으로 돌아간다. 마음을 따뜻하게 채워주는 몸과 마음에 자양분이 되는 요리다.

- 6~8인분

- 재료

• 큰 주키니 호박 두 개, 잘게 썰거나 푸드 프로세서로 간다.

건강한 맛이 일품인 세 자매 푸딩.

• 옥수수 알 네 컵, 알을 떼어내고 속대에서 즙을 짜 둔다.
• 중간크기 노란 파프리카, 잘게 썰거나 푸드 프로세서로 간다. 반으로 나누어 사용한다.
• 냉동 베이비리마콩 약 450g 한 봉지, 녹인다.
• 홀밀크 또는 크림, ¼컵(선택)
• 껍질을 벗기지 않은 해바라기 씨 ¼컵, 고명으로 낼 여분을 더 준비한다.
• 소금과 후추

– 나만의 비법
• 주키니 호박을 채반에 펼치고 소금 1작은술을 흩뿌린 다음 10분 정도 그대로 둔다. 물기가 완전히 마르지 않도록 살짝 짠다.
• 옥수수 알과 즙, 주키니 호박, 파프리카 절반, 리마 콩, 해바라기 씨를 블렌더에 넣고 간다. 핸드 블렌더나 감자 으깨는 기구를 사용해도 된다. 걸쭉해질 때까지, 또는 원하는 농도가 될 때까지 우유나 크림을 첨가하면서 간다.
• 중간 크기의 바닥이 두꺼운 팬을 중불에 올리고 버터를 녹인다. 갈아놓은 재료를 넣고 남은 파프리카도 넣는다.
• 속까지 골고루 데워지도록 또는 원하는 농도가 될 때까지 가열한다.
• 버터, (프랭크)핫소스, 해바라기 씨와 함께 낸다.
• 질 좋은 오일과 식초, 채 썬 바질, 소금, 후추를 뿌린 에얼룸 토마토[01] 샐러드에 곁들이면 상큼하게 즐길 수 있다.

---

01 '에얼룸'은 가보(家寶)라는 뜻으로 원래는 가족 대대로 경영하는 농장에서 몇 대째 전수되는 종자를 파종해 얻은 농작물에 붙는 말이다. 에얼룸 토마토의 정의는 다양하지만 보통 자연수분시킨 토마토 재배종을 의미하며, 일반적인 토마토가 빨갛고 모양이 일정한 데 반해, 빛깔과 모양이 다양하고 달콤하다.

26
세계지리의 또 다른 맛

- 남극과 북극은 모두 해수면과 같은 높이일까?
- 마크 트웨인의 여름 별장, 쿼리 팜은 어디에 있을까?
- 리틀리그 월드시리즈 경기는 어디서 열릴까?
- 경비행기계의 포드 모델 T로 불렸던 파이퍼 커브는 검은 색이 아니라 노란색이다. 파이퍼 커브의 노란색을 가리키는 특별한 이름은 어느 도시의 이름에서 따왔을까?
- recipe. 세계인들의 파티에 어울리는 따뜻한 냄비 요리

다른 사람들은 지리학과의 첫 만남이 나처럼 형편없지 않았기를 바란다. 초등학교 시절에도 지리학 비슷한 것을 배우긴 했지만(교실 벽에 세계지도가 붙어 있었던 기억이 난다), 본격적으로 '지리'라는 과목을 배우기 시작한 것은 고등학교 1학년 때였다. 지금 생각해보면 지리학 수업이 아니라 '엉터리 상식' 수업이었다. 그때까지만 해도 나는 선생님들은 모르는 것이 없는 사람들인 줄 알았기 때문에 적어도 처음 한동안은 가르쳐 주는 대로 다 믿었다. 그런데 선생님이 대뜸 아담과 이브가 백인이라는 듣도 보도 못한 주장을 했다. 또 적도 부근이 데워지면서 열이 '위쪽' 북반구로 올라온다고 칠판에 지도까지 그려가며 설명했다. 그럼 남반구는 어떻게 되는지는 한마디 설명도 없었다. 급기야 하늘이 파란 이유는 지구의 대부분을 차지하는 바닷물의 파란색이 반사되어서라는 선생님의

설명과 함께 지리학과 함께하게 될 내 인생 첫 위기가 도래했다. 나는 선생님이 틀렸다는 것을 알고 있었으므로, 근거가 될 만한 자료를 일곱 가지 서로 다른 출처로부터 수집해 나름 철저히 준비한 후 개인적으로 선생님을 찾아가 하늘이 왜 파란색인지를 설명했다. 그 다음 시험에 하늘이 왜 파란색인지 묻는 문제가 나왔고, 내 노력에도 불구하고 '바닷물이 반사되어서'라는 답안만 유일한 정답으로 인정되었다.

9학년 지리 수업 때 배우고 그 후 수년간 정말로 믿었던 또 다른 엉터리 지식은 북극과 남극에는 바다만 넓게 펼쳐져 있고, 바닷물은 소금물이므로 얼지 않는다는 것이었다. 극지방에 있는 빙하를 비롯한 '얼음'은 바닷물이 아니라 담수가 얼어붙은 것이며, 빙하를 비롯한 얼음들은 소금물이 아니므로 밀도가 높아 얼지 않는 바닷물에 가라앉지 않고 떠 있다는 주장은 대략 1850년 무렵의 지리학자들 사이에서 사실로 받아들여졌고 이후 30년간은 그런대로 통했다. 빙하는 물론 담수가 맞지만, 바닷물도 분명히 언다. 그리고 의외일지 모르지만, 남극점은 해발 약 9,000피트(약 2.7킬로미터) 이상이고, 극점에서 약 750마일(약 1,200킬로미터) 떨어져 있는 남극 최고점의 높이는 1만 6,000피트(약 4.9킬로미터)가 넘는다. 북극은 해수면과 높이가 같다는 말은 맞다.(여기서 빙하의 높이는 생각하지 않기로 하자.)

이처럼 지리학과의 순탄치 않은 첫 만남 탓으로 나는 대학에서 가르치는 제자들과 두 가지 원칙을 공유하게 되었다. 1) 내 말을 곧이곧대로 믿지 말 것. 내 주장이 맞는지 각자 알아서 확인할 것. 2) 스스로 알아서 배울 것. 형편없는 교사, 교수, 교재에 휘둘리지 않고 스스로 배움의 길을 찾을 것. 배움을 완성했다면, 엉터리 교과서와 교수가 사라지도록 힘쓸 것.

어렸을 때 낙원에 대해 들었다. 나는 가본 적이 없는데, 부모님은 자주 다녀오셨다며 가끔 그때 일을 회상하곤 하셨다. 우리 아버지는 이모가 일곱 분이나 계셨다. 나도 그중 몇 분은 뵌 적이 있는데 모두 멋진 분들이셨다. 그런데 내가 한 번도 뵌 적 없는 이모할머니 한 분이 바로 그 '낙원' 뉴욕 시 외곽, 허드슨 강 동쪽에 자리 잡은 폴링에 사셨다. 나이가 들어서 폴링에 대해 알아보다가 그곳 출신 유명인들의 이름을 보고 깜짝 놀랐다. 로웰 토머스, 에드워드 머로만으로도 입이 떡 벌어질 정도였다. 두 사람 모두 라디오와 뉴스릴(극장에서 상영하던 짧은 다큐멘터리 형식의 뉴스)을 통해 미국 대중들에게 2차 대전의 정황을 알렸던 사람들이다.

폴링 출신 가운데 가장 유명한 사람은 아마도 토머스 E. 듀이일 것이다. 그는 1944년 대통령 선거에서 공화당 후보로 당시 대통령이던 프랭클린 D. 루스벨트와 경쟁했다. 루스벨트가 1936년 재선에서 낙선했더라면(실제로는 압승을 거뒀다), 1940년 누구도 예상 못했던 세 번째 연임에 실패했더라면 어땠을까. 1944년, 2차 세계대전이 아직 한창인 상황에서 대선에 출마한 공화당 후보가 현직 대통령인 루스벨트를 상대로 승리하는 것은 불가능해 보였다. 루스벨트가 결국 승리하긴 했지만, 듀이는 그 어떤 후보보다도 근소한 차이까지 그를 따라잡았다. 1948년 드디어 듀이에게 기회가 오는 듯했다. 모두들 그가 해리 트루먼을 상대로 낙승을 거두리라 예상했다. 선거 당일 밤, 주민들은 미국 대통령이 된 폴링의 아들을 축하할 준비로 분주했다. 사이렌과 폭죽이 동원되었다. 하지만 다음날 축제는 없었다. 트루먼이 대통령으로 당선되었고, 듀이의 아쉬운 패배에 폴링은 침묵했다.

미국 인구조사국에 따르면 미국인들은 평균 5년에 한 번 이주한다.

여기서 '이주'란 카운티 경계를 넘어 거주지를 옮긴 후 새로운 거주지에서 1년 이상 머무르는 경우를 말한다.

나와 아내는 대학을 졸업하고 뉴욕 주 중심부에 직장을 얻었다. 다른 곳으로 이사를 하게 되리라고는 생각지도 못했다. 우리가 당시 살던 곳은 특별히 맛있는 음식으로 유명한 곳은 아니었지만, 우리 외가에 대대로 전수되는 요리가 하나 있었다. 미국의 다른 어디에서도 맛볼 수 없는 우리 외가만의 베이크트 빈, 콩 조림 요리였다. 어머니는 콩 조림이 너무 달아도(당밀이 들어가므로) 안 되고, 너무 푹 익어도 안 된다고 늘 말씀하셨다. 그런데 뉴욕 주 멕시코, 그것도 아내의 직장과 아주 가까운 곳에서 룰루 브라운이라는 분이 우리 어머니가 만드신 것과 아주 비슷한 콩 요리를 팔기 시작했다. 나는 슈퍼마켓 정육점 카운터에서 룰루 브라운의 콩 요리를 대용량으로 포장해 파는 것을 처음 보았었는데, 그랜마 브라운즈 베이크트 빈즈(Granma Brown's Baked Beans)라는 상호로 결국 유명해졌고, 멕시코 빌리지에서 가장 많은 일자리를 창출하는 업체가 되었다. 우리 어머니도 브라운네 가게에서 콩조림을 사다 먹기 시작했다. 힘들게 시간을 투자할 것 없이 맛있는 콩 요리를 저렴한 가격에 살 수 있었기 때문이다.

아무튼 우리 가족은 뉴욕 주 중심부의 좋은 직장을 버리고 이사를 했다. 내가 지리학자로 새 출발하기 위해서였다. 목적지인 펜실베이니아 주립대학은 원래 살던 곳에서 거의 정남향으로 300마일(약 480킬로미터) 정도밖에 떨어져 있지 않았다. 그런데 차로 딱 30마일(약 48킬로미터)을 이동하니 벌써부터 분위기가 전혀 달랐다.

주간 고속도로가 생긴 후 300마일 정도는 그리 먼 거리가 아니었지만, 우리는 같은 뉴욕 주 내의 엘마이라라는 곳에서 하루 머물다 가기로 했다. 출발지점에서 150마일도 채 떨어지지 않은 곳이었다. 당시 엘마이라는 마크 트웨인의 여름 기거지가 엘마이라의 쿼리 팜이라는 사실을 크게 홍보하지 않았지만, 내가 마지막으로 엘마이라에 갔을 때에는 그곳에 마크 트웨인이 살았었음을 누구나 알 수 있는 표지판들이 만들어져 있었다.

엘마이라에서 하루를 묵은 다음 날 우리는 주 경계를 넘어 펜실베이니아에 입성했다. 아내도 나도 펜실베이니아는 처음이었다. 곧이어 리틀리그 야구의 본산이며 매년 리틀리그 월드시리즈 대회가 열리는 윌리엄스포트를 지나쳤다. 나한테는 특별한 의미가 있는 장소였다. 학창시절 체육 선생님이 전 세계 리틀야구 리그의 회장이 되었기 때문이다.

윌리엄스포트에서 남쪽으로 갈수록 경관은 눈에 띄게 달라졌다. 몇 년간 지리학 공부를 한 다음에야 그 이유를 알게 되었다. 우리는 마침내 록헤이븐 시에 도착했다. 나로서는 '작은 비행기들을 세워놓는 주차장'이라고밖에 표현할 수 없는 곳이 나타났다. 알고 보니 록헤이븐은 경비행기 파이퍼 큐브가 탄생한 곳이었다. 파이퍼 큐브는 일반 항공계의 포드 모델 T, 혹은 항공계의 폭스바겐 비틀이라고 일컬을 정도로 매우 대중적인 경비행기다. 파이퍼 큐브의 기체는 노란색이 많은데 특별히 '록헤이븐 옐로우'라고 불리는 색이다.

우리는 마침내 펜실베이니아 주립대학에 도착했다. 살면서 그렇게 기분 좋은 도시는 처음이었다. 뉴욕 주와는 여러 가지가 달랐다. 운전면허나 세금관련 제도도 달랐고, 소방 자원봉사 활동이 매우 활발했다. 맥주나 기타 주류 구매와 관련된 법도 달랐고, 특히 음식이 많이 달랐다. 겨우 300마일 떨어진 곳이 맞나 싶을 정도로 너무나 많은 것이 달라서 때때로 다른 나라에 온 기분이었다. 그랜마 브라운의 콩 요리는 없지만, 대신 타피오카 펄과 사우스[01]가 있어서 아쉽지 않았다!

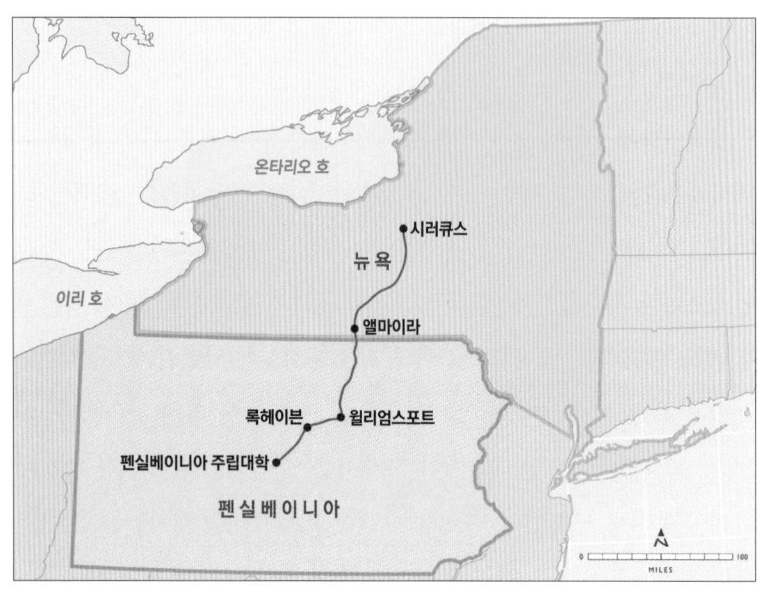

뉴욕 주 시러큐스에서 펜실베이니아 주립대학까지의 이동 경로.

TIP

당시 펜실베이니아에서는 법정 음주가능 연령이 21세였지만, 뉴욕에서는 열여덟 살만 되면 술을 마실 수 있었다.

01 삶은 돼지 머리 고기(귀, 혀, 발 등을 사용하기도 함)에 육수를 부어 굳힌 헤드 치즈를 식초에 담가 만든 피클. 펜실베이니아에 거주하는 독일계(펜실베이니아 더치) 주민들은 헤드 치즈를 사우스라고 부르기도 한다.

세계인들의 파티에 가장 어울리는 따뜻한 냄비 요리

"인생의 성공비결 중 하나는 좋아하는 음식을 먹고 뒷일은 배 속 사정에 맡기는 것이다." _마크 트웨인

◆ 콩 냄비 조림

내가 자주 해먹는 요리인데 한번 먹어본 사람들은 다 좋아한다. 얇게 썬 구운 고기를 빵에 얹은 샌드위치와 함께 먹기 좋은데 특히 당밀을 넣은 브라운 브레드에 돼지고기 안심, 또는 호기롤(핫도그 샌드위치에 많이 사용되는 길쭉한 빵)에 로스트비프를 얹은 샌드위치, 크리미한 콜슬로나 허브를 넣은 감자 샐러드 등과 잘 어울린다. 포트럭 파티(손님들이 음식을 조금씩 준비해오는 파티)나 가족 식사 모임에 들고 가기 좋다. 원한다면 오븐이나 슬로쿠커를 이용해 조리해도 상관없지만, 내 경험상 배고픈 자들의 아우성을 빨리, 손쉽게 잠재우기에는 이 방법이 최고다.

- 10~12인분

- 재료

- 스몰 화이트 빈 또는 그레이트 노던 빈(모두 흰 강낭콩 종류) 450g, 하룻밤 동안 물에 담가 놓는다.
- 저염 베이컨 약 250g, 작은 조각으로 자른다.
- 중간 크기 양파 한 개, 적당히 썬다.
- 마늘 여섯 쪽, 얇게 썬다.
- 흑설탕 한 컵, 눌러서 계량한다.
- 케첩 두 컵
- 메이플 시럽 6큰술
- 2차 당밀(다크 멀래시즈)[01] 6큰술
- 우스터소스 ¼컵
- 바닐라 익스트랙트 1큰술
- 소금과 후추 약간

---

01 사탕수수나 사탕무를 두 번 끓이고 남은 당밀. 처음 끓여서 나온 당밀을 라이트, 세 번 끓여서 나온 당밀을 블랙스트랩이라고 각각 부른다. 회를 거듭할수록 색은 짙어지고 단맛은 줄어든다.

– 나만의 비법

• 콩은 물기를 빼고 더치 오븐에 붓는다. 콩이 잠길 정도로 물을 붓고 끓인다. 끓어오르면 넘치지 않도록 불을 약간 줄이고 콩이 부드러워질 때까지 45분 정도 약한 불에 가열한다. 콩이 익었는지 먹어본다. 너무 흐물흐물해지면 소스와 구별이 되지 않으므로 주의한다.

• 콩 삶은 물은 한 컵만 남기고 버린다. 압력솥을 사용하면 시간과 에너지를 줄일 수 있다. 압력솥 사용법은 제조사가 제공한 설명서를 참고한다. 콩을 삶은 더치 오븐을 중불에 올리고 베이컨을 볶는다. 기름이 스며 나오고 베이컨이 바삭한 갈색이 될 때까지 볶은 후 그물국자로 건져 종이타월을 깐 접시에 옮겨 담아 기름을 뺀다. 냄비에 남은 기름을 2~3큰술만 남기고 따라 버린 후, 양파를 넣고 7~8분간 가열한다.

• 마늘을 넣고 저으면서 3~4분 간 가열한다.

• 불을 최대한 낮춘 다음 흑설탕을 넣는다. 흑설탕이 모두 녹고 거품이 생길 때까지 약 5분간 저어가며 가열한다. 불을 끈다.

• 나머지 재료와 콩, 콩 삶은 물을 모두 냄비에 넣고 잘 섞는다.

• 중불에서 가열하다가 끓어오르려고 하면 불을 살짝 낮추고 30분간 가열한다. 눌러 붙지 않도록 냄비 바닥까지 긁으며 자주 저어준다.

• 따뜻할 때 낸다. 맛있게 먹는다!